Schnelleinstieg und Anwendungsaufgaben

CASIO FX-82 DE X
CASIO FX-85 DE X
CASIO FX-87 DE X

Klasse 7 bis zum Abitur

Vorwort / Hinweise zur Arbeit mit diesem Buch

CASIO ist ein eingetragenes Warenzeichen.

Dieses Buch wurde nach bestem Wissen zusammengestellt.
Deshalb können Autor und Herausgeber des Buches keinerlei Haftung für Druckfehler oder eventuell fehlerhaft wiedergegebene Inhalte übernehmen.

Wie wird mit diesem Buch gearbeitet?

Dieses Buch soll einen Schnelleinstieg in die Arbeit mit den Taschenrechnern CASIO FX-82 / 85 / 87 DE X ermöglichen. Es ersetzt nicht die Bedienungsanleitung von CASIO, die auf der CASIO-Homepage heruntergeladen werden kann.

Durch Beispiele und Übungsaufgaben werden dir die Themen vorgestellt, die für die Schule und den Unterricht relevant sind.

Der Aufbau des Buches:

In dem Buch zum Casio FX-82 / 85 / 87 DE X gibt es mehrere Kapitel, welche durch Unterkapitel gegliedert sind. Angefangen mit der Allgemeinen Bedienung bis hin zu Themen wie Terme, Funktionen und vieles mehr.
Zu Beginn jedes Kapitels wird dir kurz erläutert, worum es sich bei diesem Kapitel handelt. Anschließend werden dir Beispiele gezeigt und auch die dazugehörige Eingabe in den Taschenrechner, anhand der Symbole der Taschenrechnertastatur.

Du findest am Ende einiger Kapitel Übungsaufgaben, sofern es sich um Aufgabenbereiche handelt, bei denen einfach gerechnet werden kann. Die Lösungen findest du ab Seite 42 im Buch.

Learning by Doing, du kannst dich direkt nach einem gelesenen Kapitel selbst testen und es ausprobieren. Du findest auch Abituraufgaben, an denen du dich testen kannst. Die Lösungen dazu findest du online. Viel Spaß!

Haftungsausschluss

Dieses Buch wurde nach bestem Wissen zusammengestellt. Deshalb können Autor und Herausgeber des Buches keinerlei Haftung für Druckfehler oder eventuell fehlerhaft wiedergegebene Inhalte übernehmen.

Inhaltsverzeichnis

1 EINFÜHRUNG 5

1.1 Allgemeine Bedienung 5

1.2 Das Hauptmenü 6

1.3 Einstellungen / Setup 7

1.4 Grundlegende Eingaben / Rechnungen 9

1.5 Übungen – Allgemeine Einstellungen 11

2 ALLGEMEINE BERECHNUNGEN 12

2.1 Zahlendarstellung 12

2.2 Primfaktorzerlegung, ggT und kgV 14

2.3 Teilen mit Rest und Runden 15

2.4 Bruchrechnung 17

2.5 Prozentrechnung 19

2.6 Wurzeln und Potenzen 20

2.7 Zufallszahlen 22

2.8 Einheiten umrechnen (nur 87 DE X) 23

3 QR-CODE GENERATOR 26

4 TERME 27

4.1 Übung - Terme 28

5 FUNKTIONEN 29

5.1 Funktionswerte an einer Stelle x bestimmen 29

5.2 Funktionswerte in Wertetabelle darstellen 30

6 WAHRSCHEINLICHKEITSRECHNUNG / STATISTIK 32

6.1 Stichproben / Mittelwert / Standardabweichung 32

6.2 Relative Häufigkeiten / Wahrscheinlichkeitsverteilung 33

6.3 Kombinatorik 34

6.4 Binomialverteilung (nur 87 DE X) 35

7 REGRESSION 37

7.1 Lineare Regression 37

7.2 Quadratische Regression 40

7.3 Exponentielle Regression 41

8 LÖSUNGEN ZU DEN ÜBUNGEN 42

8.1 Lösungen zu Kapitel 1 42

8.2 Lösungen zu Kapitel 2 44

8.3 Lösungen zu Kapitel 4 50

8.4 Lösungen zu Kapitel 5 50

Anhang

A Wichtige Befehle | Shortcuts 52

B Übungsaufgaben 55

C Abitur Beispielaufgaben 73

D Index | Stichwortverzeichnis 80

1 Einführung

1.1 Allgemeine Bedienung

Die Modelle CASIO FX – 82 / 85 / 87 DE X haben eine Vielzahl von Funktionen, die nur dadurch auf der Tastatur abgebildet werden können, indem **Tasten doppelt** oder **dreifach belegt** sind. Um von der ersten Tastenebene die zweite oder dritte Ebene zu wählen, existieren die Tasten **SHIFT** (gelb) und **ALPHA** (rot).

Die wichtigsten Tasten für den Start

(Im Bild das Modell 87 DE X)

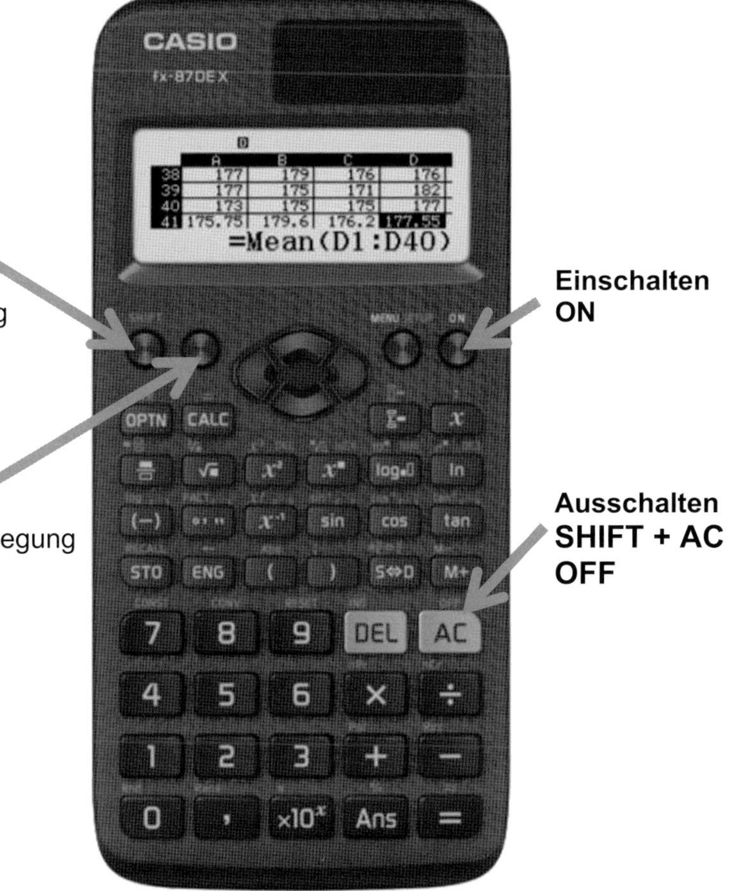

1.2 Das Hauptmenü

Mit dem Button rechts oben unter dem Text **MENU SETUP** kannst du immer wieder zum Hauptmenü zurückkehren.

Mit den Pfeiltasten oder der jeweiligen Nummer kannst du im Menü zu den einzelnen Punkten springen.

Das Hauptmenü des CASIO FX 82 / 85 DE X hat 4 Menüpunkte, das Hauptmenü des CASIO FX 87 DE X hat 7 Menüpunkte.

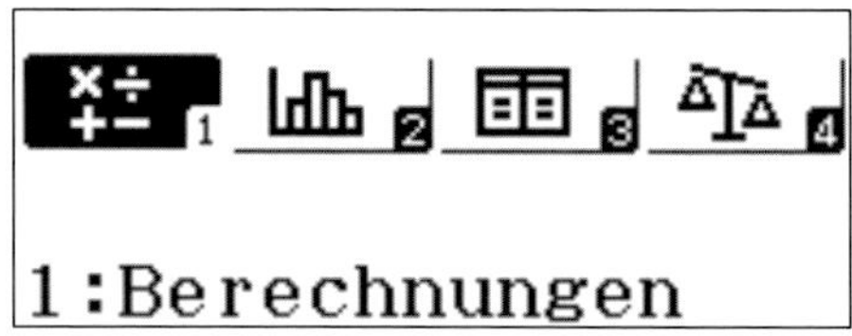

Hauptmenü 82 / 85 DE X

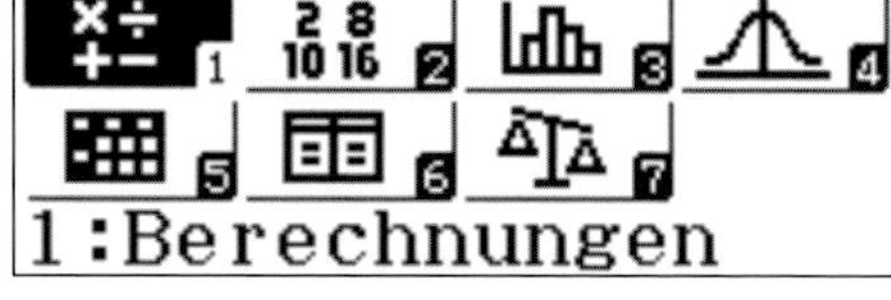

Hauptmenü 87 DE X

<u>Hauptmenü 82 / 85 DE X</u>

1: Berechnungen: Allgemeiner Rechenmodus
2: Statistik
3: Tabellen: Wertetabelle, Funktionswerte in Tabelle erzeugen
4: Berechn prüf: Berechnungen überprüfen

<u>Hauptmenü 87 DE X</u>

1: Berechnungen: Allgemeiner Rechenmodus
2: Basis-N: Rechnen in verschiedenen Zahlensystemen zur Basis N, z. B. Zweiersystem, Hexadezimalsystem usw.
3: Statistik
4: Verteilungsfkt: Wahrscheinlichkeitsrechnung
5: Tabellenkalk.: Rechnen mit Tabellen
6: Tabellen: Wertetabelle, Funktionswerte in Tabelle erzeugen
7: Berechn prüf: Berechnungen überprüfen

1.3 Einstellungen / Setup

Mit Drücken der **SHIFT - Taste** und anschließend der **MENU- Taste** kommt man zu den Einstellungen (Setup). Das funktioniert allerdings **NUR** im Berechnungsfenster (Hauptmenü 1).
Mit **SHIFT MENU** gelangt man in das Fenster für die allgemeinen Einstellungen des Taschenrechners. Insgesamt gibt es bei allen Rechnern 4 Fenster mit mehreren Einstellungsoptionen. Zwischen den einzelnen Fenstern springt man mit der Pfeil nach unten Taste: ⌄.

Das Setup für CASIO FX 82 / 85 DE X

```
1:Eingabe/Ausgabe
2:Winkeleinheit
3:Zahlenformat
4:Dezimalpräfixe
```

1. Fenster mit Einstellungen

```
1:Bruchergebnis
2:Statistik
3:Tabellen
4:Period. Darst.
```

2. Fenster mit Einstellungen

```
1:1000er-Trennung
2:Mehrzeilengröße
3:QR Code
4:Automat Aus
```

3. Fenster mit Einstellungen

```
1:Kontrast
```

4. Fenster mit Einstellungen

Das Setup für CASIO FX 87 DE X

```
1:Eingabe/Ausgabe
2:Winkeleinheit
3:Zahlenformat
4:Dezimalpräfixe
```

1. Fenster mit Einstellungen

```
1:Bruchergebnis
2:Statistik
3:Tabellenkalk.
4:Tabellen
```

2. Fenster mit Einstellungen

```
1:Period. Darst.
2:1000er-Trennung
3:Mehrzeilengröße
4:QR Code
```

3. Fenster mit Einstellungen

```
1:Automat Aus
2:Kontrast
```

4. Fenster mit Einstellungen

An dem schwarzen Strich rechts im Fenster kann man die aktuelle Position des Fensters ebenfalls erkennen!

1.3.1 Das Winkelmaß - Grad- oder Bogenmaß

Im Unterricht ist in der Geometrie sowie Trigonometrie beim Rechnen mit Winkeln und Winkelfunktionen die Einstellung des **Winkelmaßes** wichtig. Wir wählen im 1. Fenster den Punkt **2:Winkeleinheit** für die Einstellung des Winkelmaßes. Schon erhalten wir folgende Auswahl:

1:Gradmaß
für Winkelberechnungen im bekannten 0° - 360° Maß
2:Bogenmaß
$360° = 2\pi, 180° = \pi, 90° = \frac{\pi}{2}$ usw.
3:Geodätisches Winkelmaß
(GON), benötigen wir nicht!

```
1:Gradmaß (D)
2:Bogenmaß (R)
3:Gon (G)
```

1.3.2 Die Bruchdarstellung

Rechnen wir Aufgaben in der Bruchrechnung oder dividieren wir einfach, erhalten wir automatisch Ergebnisse in Bruchdarstellung. Über das **SETUP** kann bei dieser Darstellung zwischen reiner Bruchdarstellung und gemischter Bruchdarstellung (d. h. der ganzzahlige Anteil steht vor dem Bruch) gewählt werden. Um diese Einstellung vorzunehmen, wählen wir im **SETUP** das zweite Fenster und jetzt **1:Bruchergebnis**.

1:ab/c
gemischte
Bruchdarstellung $15:4 = 3\frac{3}{4}$

2:d/c
reine
Bruchdarstellung $15:4 = \frac{15}{4}$

```
1:Bruchergebnis
2:Komplexe Zahlen
3:Statistik
4:Tabellenkalk.
```

```
1:ab/c
2:d/c
```

1.3.3 Dezimaldarstellung / Dezimalpräfixe

Im ersten Fenster der Einstellungen können unter **4:Dezimalpräfixe** eingestellt werden. Das kann unter Umständen verwirren. Es handelt sich hierbei um **Kürzel für Tausender** (**k** für Kilo, **M** für Mega usw.)

1:Ein Dezimalpräfixe eingeschaltet

$20000 : 10 = 2k$

k für Kilo, Faktor 1000

2:Aus Dezimalpräfixe ausgeschaltet

$20000 : 10 = 2000$

```
Dezimalpräfixe?
1:Ein
2:Aus
```

```
20000÷10
                    2k
```

Weitere Einstellungen behandeln wir bei den entsprechenden Themen.

1.4 Grundlegende Eingaben / Rechnungen

Allgemeine Berechnungen werden im **Berechnungsfenster** durchgeführt. Dieses erscheint standardmäßig beim Einschalten des Rechners. Falls man sich in einem anderen Fenster befindet, gelangt man über das **Hauptmenü** und **1: Berechnungen** wieder an diese Stelle.

Eingaben und Berechnungen werden mit der Taste = abgeschlossen.

Mit den **Pfeiltasten links** und **rechts** kann man in einem Rechenausdruck mit dem Cursor wandern und an der entsprechenden Stelle Änderungen vornehmen

Mit der Taste **DEL löscht man das Zeichen links** von der aktuellen Position.

Mit der Taste **AC löscht man die komplette Eingabe**.

Mit den **Pfeiltasten oben** und **unten** kann man die zuvor ausgeführten Berechnungen wieder im Display anzeigen.

1.4.1 Der Antwortspeicher

Wir rechnen:

$100:50 = 2$

100÷50

2

Jetzt drücken wir einfach +10,
es erscheint: **Ans+10**.
Aus dem Antwortspeicher wird das Ergebnis der vorherigen Rechnung (2) genommen und 10 wird addiert:

Ans+10

12

$2 + 10 = 12$

1.5 Übungen – Allgemeine Einstellungen

1. Berechne die folgenden Aufgaben und wähle ggf. im SETUP die richtigen Einstellungen, damit genau das hier angegebene Ergebnis angezeigt wird.

   a) $30:4 = \frac{15}{2}$ b) $30 : 4 = 7\frac{1}{2}$ c) $30000 : 30 = 1k$

2. Gib die folgenden Zahlen ein und korrigiere die angegebenen Stellen! (**Schließe die erste Eingabe NICHT mit „=“ ab!**)

	Eingabe	korrigierter Wert
a)	$667789:9$	$66789:9$
b)	$sin(39)$	$sin(30)$
c)	$\sqrt{125}$	$\sqrt{121}$

3. Führe die folgenden Rechnungen genau in den angegebenen Schritten durch!

   a) Berechne das Produkt aus 7 und 5.
   Subtrahiere 5 vom vorherigen Ergebnis.
   Teile das neue Ergebnis durch 10.
   Bilde das Quadrat vom letzten Ergebnis.

   Wie lautet die erhaltene Zahl?

   b) Berechne 3 hoch 7.
   Teile das Ergebnis durch 9.
   Subtrahiere 3 vom neuen Ergebnis.
   Addiere 16 zur neuen Zahl.
   Bilde die 4. Wurzel vom Ergebnis.

   Wie lautet die erhaltene Zahl?

Lösungen zu diesen Aufgaben auf Seite 42

2 Allgemeine Berechnungen

Wir bewegen uns in diesem Kapitel immer im **Berechnungsfenster** aus dem Hauptmenü über **1: Berechnungen** erreichbar!

2.1 Zahlendarstellung

2.1.1 Zehnerpotenzschreibweise

Große Zahlen werden oder müssen sogar in der Zehnerpotenzschreibweise dargestellt werden.

Interpretation der Anzeige:

$1000000 : 0{,}0001 = 00000000000 = 1 \cdot 10^{10}$

In Worten: 1 Million geteilt durch 1 Zehntausendstel ist 10 Milliarden, das sind als Zehnerpotenz 10^{10}.

1000000÷0, 0001

1×10^{10}

$5{,}402 \cdot 10^3 = 5402$

Eingabe als Zehnerpotenz:

5 , 4 0 2 SHIFT log 3 =

Über der LOG Taste befindet sich die 2. Belegung (SHIFT) für die 10er Potenz!

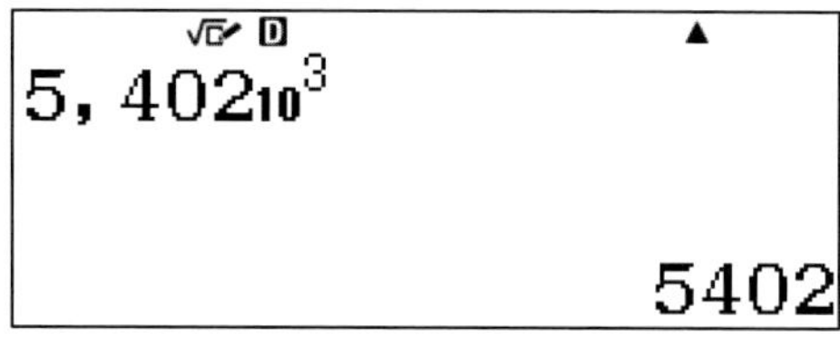

2.1.2 Bruchdarstellung - Dezimalschreibweise

Mit der **Taste S<=>D** kann man das Ergebnis einer Berechnung zwischen Bruchdarstellung und Dezimaldarstellung wechseln.

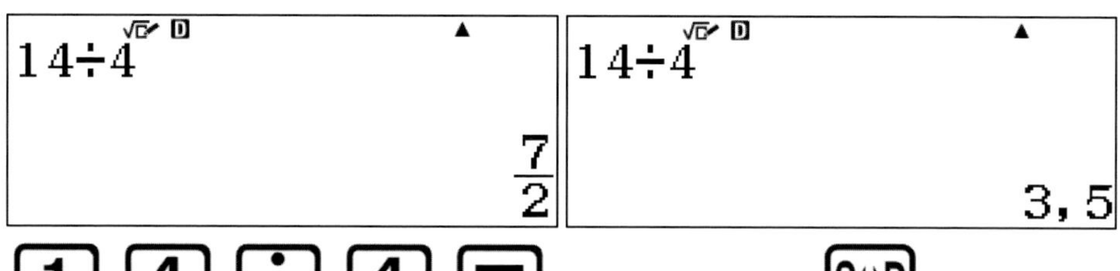

1 4 ÷ 4 =

S⇔D

2.1.3 Übungen – Zahlendarstellung

1. Berechne als Dezimalzahl.

   a) $\frac{3}{20}$ b) $\frac{3}{8}$ c) $\frac{5}{125}$ d) $\frac{7}{4}$

2. Wandle in einen Bruch um!

   a) 0,375 b) 0,4 c) 0,16 d) 0,28

3. Schreibe in Zehnerpotenzschreibweise.

   a) 3 Tausendstel b) 5 Millionstel

   c) 10 Milliarden d) 150 Millionen

4. Berechne das Ergebnis.

   a) $5{,}784 \cdot 10000 \cdot 2000 \cdot 50000$

   b) $2{,}76 \cdot 10^{23} \cdot 1{,}5 \cdot 10^{-9} \cdot 2700$

   c) $(2{,}5 \cdot 10^{12}) : (50 \cdot 10^{-8})$

Lösungen zu diesen Aufgaben auf Seite 44

2.2 Primfaktorzerlegung, ggT und kgV

2.2.1 Primfaktorzerlegung

Die Zahl 3465 kann in folgende Faktoren zerlegt werden:

$$3465 = 3 \cdot 3 \cdot 5 \cdot 7 \cdot 11$$

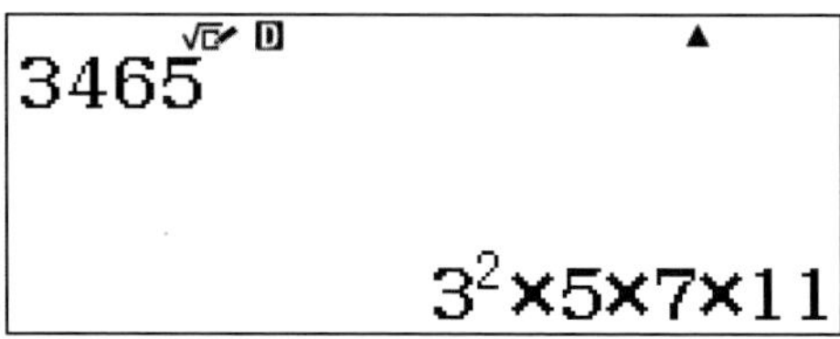

Wir geben ein:

[3] [4] [6] [5] [=] [SHIFT] [° ’ ”]

Hierbei steht 3^2 für $3 \cdot 3$, doppelt vorkommende Faktoren werden als Potenz ausgegeben!

Über der [° ’ ”] Taste befindet sich der Text: **FACT** für Faktorisierung oder Primfaktorzerlegung!

2.2.2 ggT: größter gemeinsamer Teiler (nur 87 DE X)

ggT steht rot als GCD abgekürzt, über der Taste X (Multiplikation).

ggT (120;320) = 40

[ALPHA] [×] [1] [2] [0] [SHIFT] [)] [3] [2] [0] [)] [=]

GCD(120;320)

40

Beachte das **;** (Semikolon) zwischen den beiden Zahlen (Tastenkombination **SHIFT +)**)!

[SHIFT] [)]

2.2.3 kgV: kleinstes gemeinsames Vielfaches (nur 87 DE X)

kgV steht rot als LCM abgekürzt über der Taste ÷(geteilt).

[ALPHA] [÷] [1] [2] [SHIFT] [)] [1] [8] [)] [=]

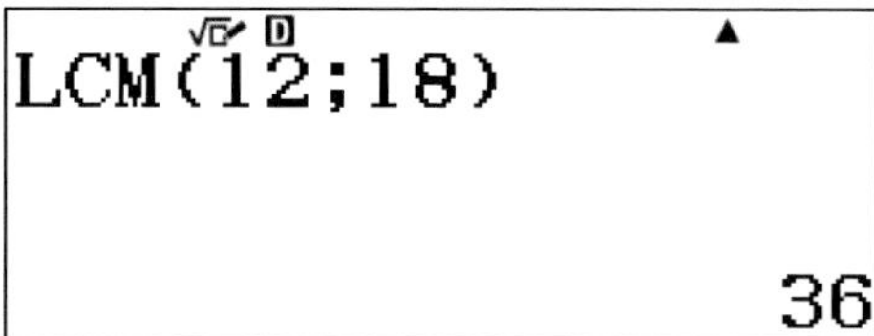

kgV(12;18) = 36

Beachte das **;** (Semikolon) zwischen den beiden Zahlen!

2.2.4 Übungen - Primfaktorzerlegung, ggT und kgV

1. Zerlege die folgenden Zahlen in Primfaktoren!
   a) 60 b) 2499 c) 72675
2. Finde den größten gemeinsamen Teiler der folgenden Zahlenpaare!
   a) (250; 400) b) (8100; 8700) c) (11025; 11100)
3. Finde das kleinste gemeinsame Vielfache der folgenden Zahlenpaare!
   a) (14; 18) b) (30;50) c) (215; 225)

Lösungen zu diesen Aufgaben auf Seite 45

2.3 Teilen mit Rest und Runden

2.3.1 Teilen mit Rest

Über der Taste für Brüche ⊟ befindet sich der rote Text: ÷R

Teile 23 durch 7 und gib den Rest mit an: $23:7 = 3R2$.

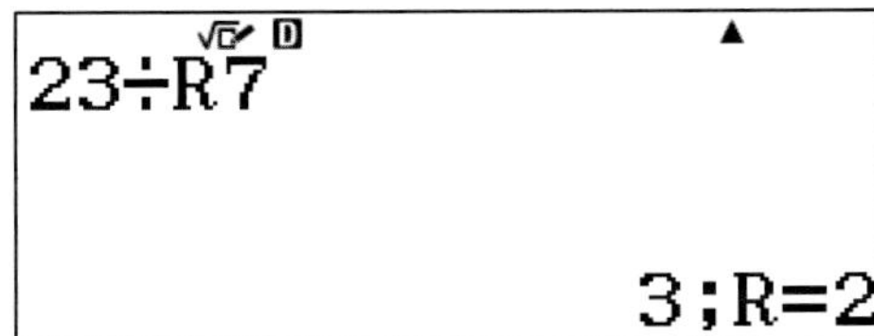

2.3.2 Runden

Über der Taste 0 (Null) befindet sich der rote Text **RndFix** zum **Runden einer bestimmten Anzahl Stellen hinter dem Komma.**

Runde 3,14159 auf 2 Stellen

In Dezimaldarstellung (S<>D)

RndFix(3,14159;2)

3,14

ALPHA 0 3 , 1 4 1 5 9 SHIFT) 2) = S⇔D

2.3.3 Periodische Dezimalbrüche

Periodische Dezimalbrüche geben wir mit der **ALPHA + Wurzeltaste** ein:

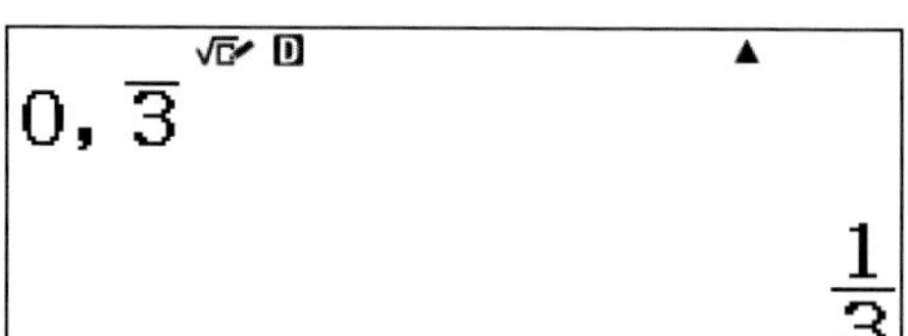

Eingabe einer periodischen Zahl in einem Rechenausdruck:

$$\frac{5}{0,\overline{3}} = 15$$

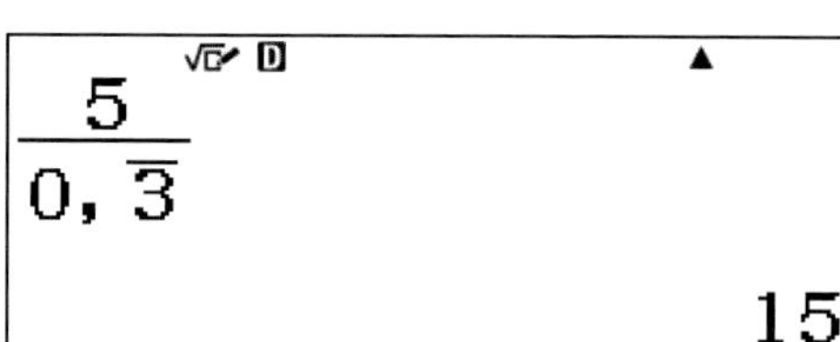

Wir geben ein:

▭ 5 ▼ 0 , ALPHA √▪ 3 =

2.3.4 Übungen – Teilen mit Rest und Runden

1. Führe eine ganzzahlige Division durch und bestimme den Rest.
   a) $217 : 5$ b) $3277 : 20$ c) $9921 : 17$

2. Führe die folgenden Berechnungen durch!
   a) $15 : 0,\overline{3}$ b) $12 \cdot 0,\overline{7}$ c) $2,\overline{3} : 0,\overline{3}$

Lösungen zu diesen Aufgaben auf Seite 45

2.4 Bruchrechnung

2.4.1 Einfache Brüche

Brüche werden generell über die Taste  eingegeben.

Wir berechnen:

$$\frac{4+5\cdot 10}{3\cdot 27}=\frac{2}{3}$$

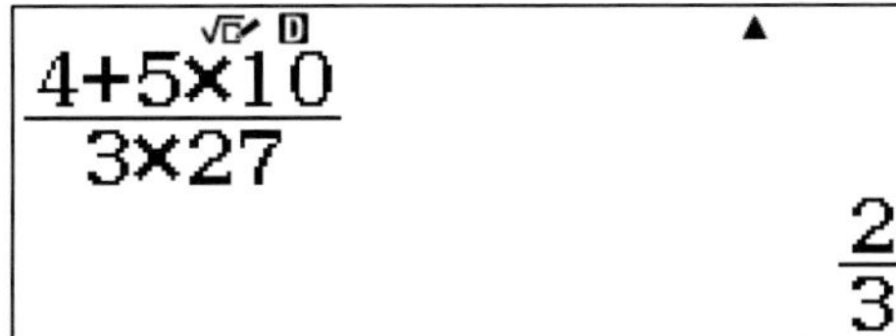

Alternativ können wir einen Bruch auch als Division eingeben. Wir erhalten das Ergebnis als Bruch:

$$(4+5\cdot 10):(3\cdot 27)=\frac{2}{3}$$

(4+5×10)÷(3×27)

$\frac{2}{3}$

  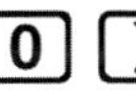      

Ein Bruchergebnis in einen **gemischten Bruch** umwandeln:

$$\frac{27}{5}=5\,\frac{2}{5}$$

27÷5

$5\frac{2}{5}$

 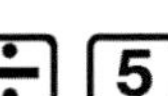   

Prozentsatz in Bruchteil umwandeln:

$$15\%=\frac{15}{100}=\frac{3}{20}$$

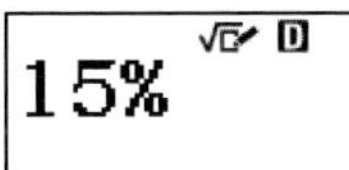

15%

$\frac{3}{20}$

Das **%** Zeichen verbirgt sich über der **ANS**-Taste (mit SHIFT aufrufen!)

2.4.2 Doppelbrüche

$$\frac{\frac{3}{7}+\frac{7}{8}}{5-\frac{7}{2}}=\frac{73}{84}$$

Bei der Eingabe müssen wir beachten, die Bruch-Taste an der richtigen Stelle einzusetzen!

$$\frac{\frac{3}{7}+\frac{7}{8}}{5-\frac{7}{2}} \qquad \frac{73}{84}$$

Bei Doppelbrüchen wird oft die Größe des Displays nicht ausreichen (siehe Abbildung oben).

2.4.3 Übungen - Bruchrechnung

1. Berechne

   a) $\frac{1}{2}+\frac{3}{5}+\frac{5}{6}$ b) $\frac{3}{8}-\frac{3}{4}+\frac{5}{2}$ c) $\frac{1}{3}-\frac{2}{9}+\frac{1}{6}$

2. Berechne

   a) $\frac{15}{4}:\frac{5}{2}$ b) $-\frac{18}{10}:0{,}6$ c) $-\frac{28}{10}:\left(-\frac{14}{25}\right)$

3. Berechne

   a) $\frac{\frac{3}{8}\cdot\left(\frac{1}{2}-\frac{3}{8}\right)^2}{\frac{1}{24}}$ b) $2-\frac{\frac{7}{6}-\frac{2}{3}}{\frac{1}{4}}$

Lösungen zu diesen Aufgaben auf Seite 46

2.5 Prozentrechnung

In der Prozentrechnung berechnen wir die Größen

- Grundwert G_w : Unsere Basisgröße.
- Prozentwert P_w: Der prozentuale Anteil des Grundwerts.
- Prozentsatz $p\%$: Die %-Zahl mit der wir rechnen.

Es gelten die bekannten Gesetzmäßigkeiten:

$P_w = G_w \cdot p\%$ $G_w = \frac{P_w}{p\%}$ $p\% = \frac{P_w}{G_w}$

Wir berechnen beispielhaft Prozentwert und Prozentsatz:

Berechne den **Prozentwert:**
$G_w = 375, p\% = 8$
$P_w = 375 \cdot 8\% = 30$

3 7 5 × 8   SHIFT Ans =

Berechne den **Prozentsatz:**
$G_w = 120, P_w = 15$
$p\% = \frac{P_w}{G_w} = 0{,}125 = 12{,}5\%$

1 5 ÷ 1 2 0 = S⇔D

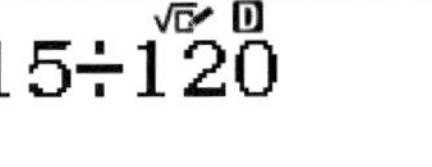

Beachte, die Ausgabe musst du selbst als Prozentwert umrechnen!

2.5.1 Übungen – Prozentrechnung

1. Berechne die Anteile!
   a) 7 % von 150 b) 19 % von 299 c) 85 % von 350

2. Berechne den Prozentsatz!
   a) 30 von 200 b) 60 von 3000 c) 299 von 5000

3. Auf die Artikel gibt es 30 % Rabatt. Berechne den neuen Preis!
   a) Shirt 24,95 € b) Hose 89,90 € c) Hemd 129 €

Lösungen zu diesen Aufgaben auf Seite 47

2.6 Wurzeln und Potenzen

2.6.1 Wurzeln

Die Quadratwurzel - diese Funktion ist auf einer eigenen Taste hinterlegt:

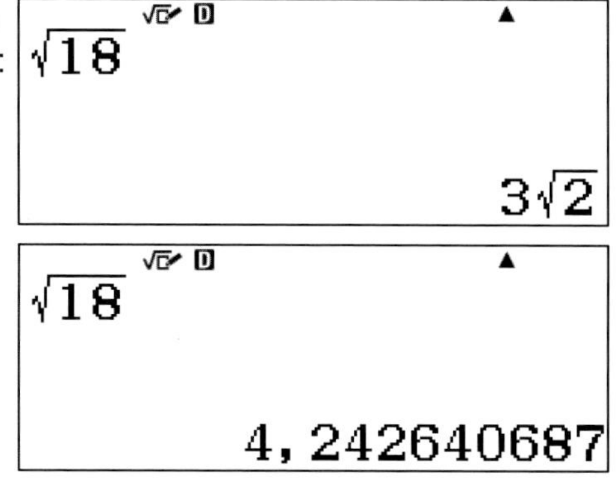

Wir berechnen $\sqrt{18} = 3\sqrt{2}$.

Beachte! Zuerst die Wurzel-Taste und erst dann den Wert eingeben!

Der Rechner versucht das Ergebnis als Wurzelterm darzustellen. Für die Dezimaldarstellung drücken wir noch die **S<=>D** Taste.

Die dritte Wurzel - SHIFT + Wurzel

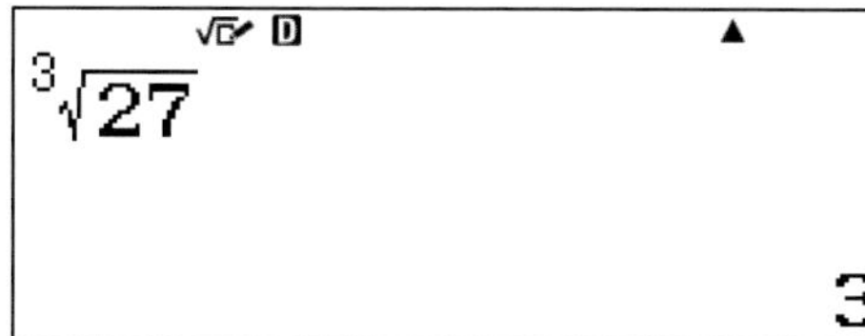

Wir berechnen: $\sqrt[3]{27} = 3$.

Allgemein die n-te Wurzel

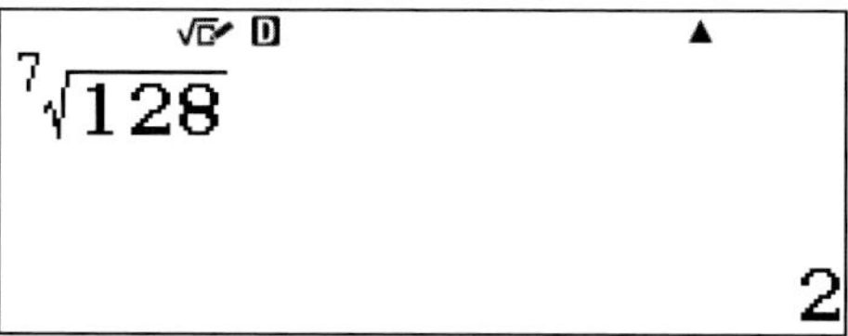

Die Taste für die n-te Wurzel verbirgt sich hinter **SHIFT** + $x^{\blacksquare}$ Taste.

Wir berechnen: $\sqrt[7]{128} = 2$.

2.6.2 Potenzen

Quadratzahlen

Für x^2steht eine eigene Taste zur Verfügung. Jeder Aufruf muss immer mit der Taste = abgeschlossen werden.

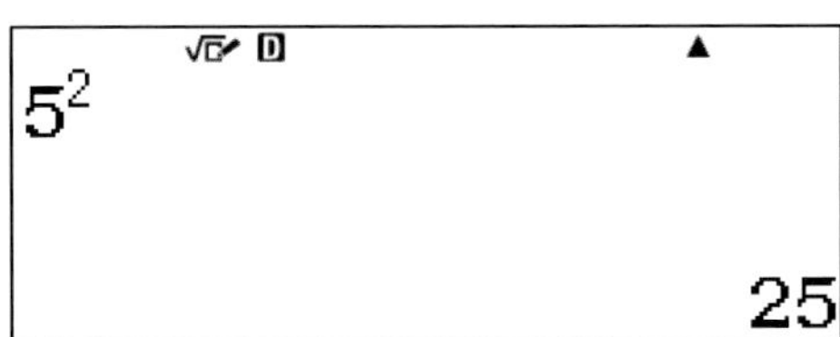

Wir berechnen: $5^2 = 25$.

[5] [x^2] [=]

Potenzen mit beliebigen Exponenten

Die Taste für x^n befindet sich direkt rechts neben der x^2-Taste.

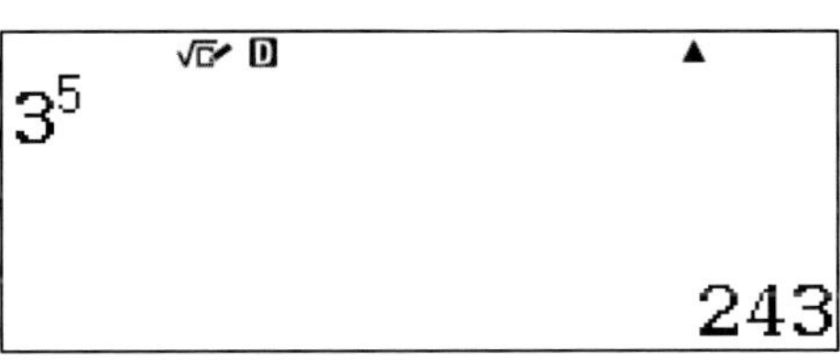

Wir berechnen: $3^5 = 343$.

[3] [$x^{\blacksquare}$] [5] [=]

2.6.3 Übungen – Wurzeln und Potenzen

Berechne!

1. a) $\sqrt{243} \cdot \sqrt{27}$ b) $2 \cdot \sqrt{12} \cdot \sqrt{75}$ c) $\sqrt{120} \cdot \sqrt{3}$

2. a) $\sqrt[3]{27} \cdot \sqrt[5]{32}$ b) $\frac{\sqrt{256}}{\sqrt{32}}$ c) $\sqrt[3]{3^9}$

3. a) 3^4 b) 320^3 c) 2^{10} d) 2^{24}

4. a) $3^2 \cdot 4^3 \cdot 5^4 \cdot 6^5$ b) $3^7 : 10^4$ c) $10^6 : 10^{-4}$

Lösungen zu diesen Aufgaben auf Seite 48

2.7 Zufallszahlen

Der Rechner kann Zufallszahlen erzeugen.

Die Funktion für Zufallszahlen befindet sich in der **SHIFT**-Belegung über der Taste **,** .

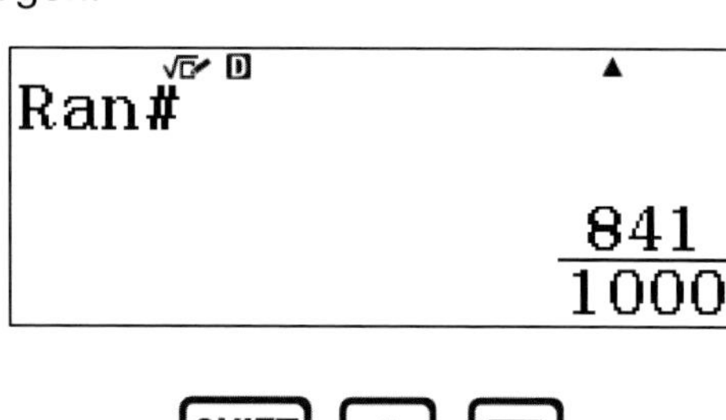

Es wird mit der Funktion **Ran#** immer eine Zahl zwischen 0 und 1 angezeigt. Mit der Taste **S<=>D** kann zwischen Bruch- und Dezimaldarstellung gewechselt werden.
Der Aufruf muss immer mit der Taste **=** abgeschlossen werden.

Beliebige ganzzahlige Zufallszahlen

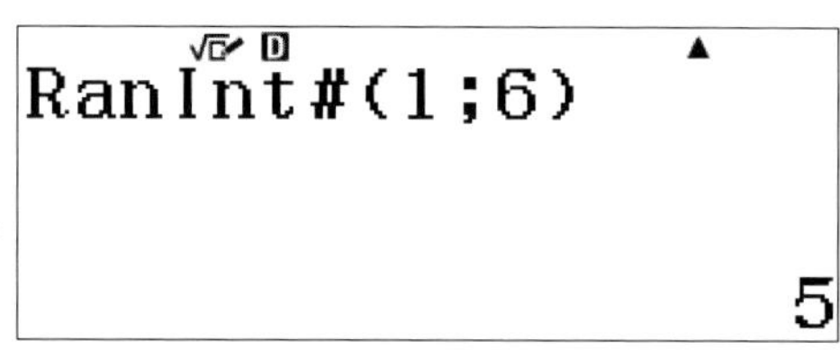

Mit der Funktion **RanInt**, die sich hinter der Tastenkombination

verbirgt, kann eine ganzzahlige Zufallszahl zwischen zwei Werten berechnet werden. Die obere und untere Grenze wird in Klammer mit einem Semikolon getrennt.

2.7.1 Übungen – Zufallszahlen

1. Bestimme 5 Zufallszahlen zwischen 0 und 1.
2. Bestimme 5 Zufallszahlen eines 6-seitigen Würfels (zwischen 1 und 6).
3. Simuliere das Werfen einer Münze. Die Münze soll 4 mal geworfen werden. Welches Zufallsergebnis liefert der Rechner?

Lösungen zu diesen Aufgaben auf Seite 49

2.8 Einheiten umrechnen (nur 87 DE X)

Im Alltag oder in der Physik müssen wir häufig Größeneinheiten umrechnen. Hierzu bietet der Rechner viele Möglichkeiten.

2.8.1 Allgemeiner Aufruf

Mit SHIFT 8 gelangen wir zu den Umrechnungsoptionen (**CONV** = convert)
Im Fenster werden 4 verschiedene Größenbereiche angezeigt.
Mit der Pfeiltaste können wir nach unten blättern und gelangen in **weitere 5 Fenster!**

Beachte! Zur Umrechnung müssen wir **IMMER** zuerst den Wert eingeben, bevor wir die Umrechnung aufrufen!

```
1:Länge
2:Fläche
3:Volumen
4:Winkel
```

```
1:Masse
2:Zeit
3:Geschwindigkeit
4:Beschleunigung
```

```
1:Drehmoment
2:Kraft
3:Druck
4:Energie
```

```
1:Leistung
2:Wärmedurchfluss
3:Temperatur
4:Spezif. Wärme
```

```
1:Viskosität
2:Kinem. Viskosit
3:Magnetismus
4:Lichtstärke
```

```
1:Radioaktivität
```

2.8.2 Längen von Inch in cm umrechnen

Rechne 13 Inch in cm um!

Wir geben 13 ein und rufen anschließend die Umrechnung auf.

13 Inch sind 33,02 cm!

2.8.3 Geschwindigkeit von km/h in m/s umrechnen

Rechne 120 km/h in m/s um!

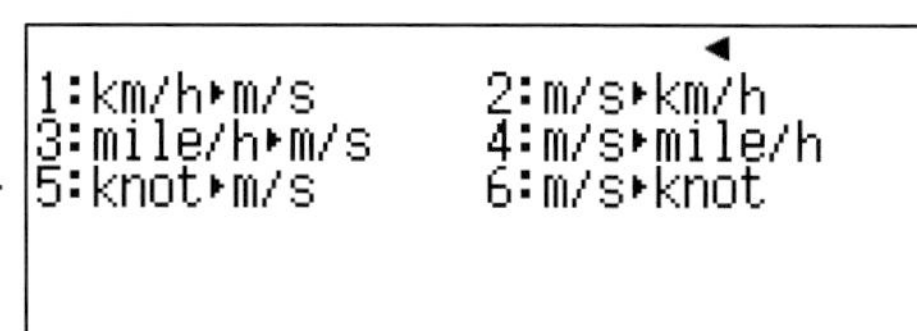

Wir geben 120 ein und rufen die Umrechnung auf.

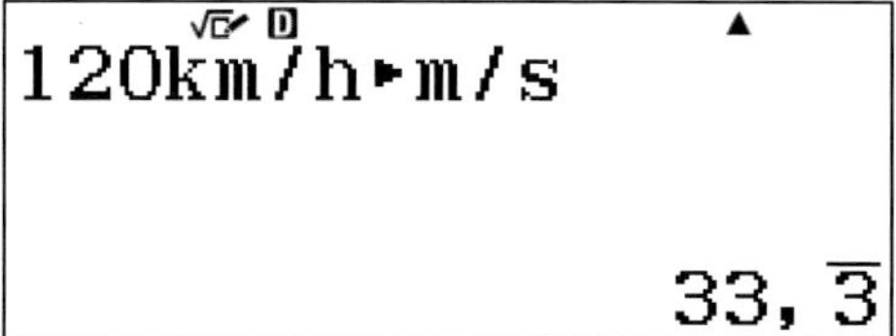

$120\ km/h$ sind $33,\overline{3}\ m/s$!

2.8.4 Die Zeit von Tagen in Sekunden umrechnen

Wie viele Sekunden sind 7 Tage?

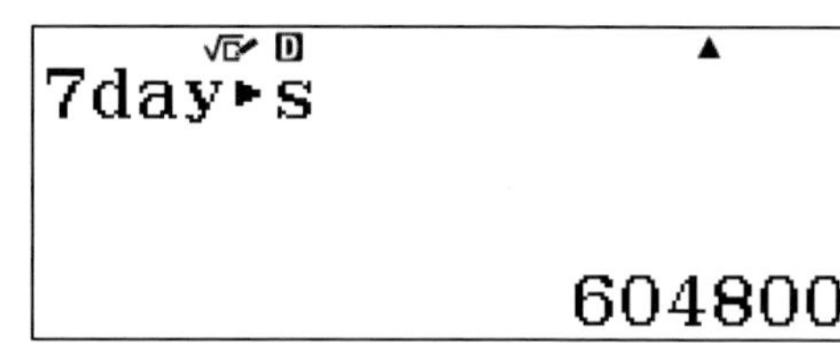

Wir geben 7 ein und rufen die Umrechnung auf.

7 Tage sind 604800 Sekunden!

2.8.5 Übungen – Einheiten umrechnen

1. Bei einer Geschwindigkeitskontrolle werden folgende Geschwindigkeiten in m/s gemessen. Für die Strafzettel muss die Geschwindigkeit in km/h umgerechnet werden.

   a) 20 m/s   b) 35 m/s   c) 17 m/s

2. Rechne um!

   a) 2 Inch in cm

   b) 100 Yard in m

   c) 25 Seemeilen in m

   d) 20 Knoten in km/h

   e) 25000000 m^2 in ha

   f) 15000 Liter in m^3

   g) 300 m^3 in Liter

3. Rechne um!

   a) Wie viele Sekunden hat der Januar?

   b) Wie viele Tage sind 1 Million Sekunden?

Lösungen zu diesen Aufgaben auf Seite 49

3 QR-Code Generator

Bei dem Rechner handelt es sich **NICHT** um einen grafikfähigen Taschenrechner, der Funktionen und Diagramme im Display darstellen kann. Jedoch kann der Rechner einen QR-Code anzeigen.

Ein QR-Code (QR = *engl.* „**q**uick **r**esponse") ist ein zweidimensionaler Code. Er besteht aus einer quadratischen Matrix aus schwarzen und weißen quadratischen Punkten, in der verschiedene Daten codiert werden. Eine spezielle Markierung - in drei der vier Ecken des Quadrats - gibt die Orientierung vor. **Um den QR-Code zu benutzen, muss auf einem verfügbaren Smartphone oder Tablet-Computer eine QR-Code-App installiert sein. In den jeweiligen Shops der Geräteanbieter findet man viele kostenlose Apps zur Installation!** Der hier beschriebene Rechner kann Funktionsgraphen, Punktdiagramme und Tabellenkalkulationen in einem QR-Code verschlüsseln. Mit einer Smartphone- oder Tablet-App können die Daten des Rechners visualisiert werden.

Mit der Tastenkombination

wird der QR-Code Generator aufgerufen. Der Code wurde zur Tabelle und Funktion aus Kapitel 5.2 erzeugt.

Ein Scan führt immer zu einer WEB-Seite, auf der die Informationen grafisch dargestellt werden.
Beachte! Zur grafischen Anzeige ist somit immer eine Internetverbindung erforderlich!
Übungen zu diesem Thema befinden sich in den einzelnen Kapiteln!

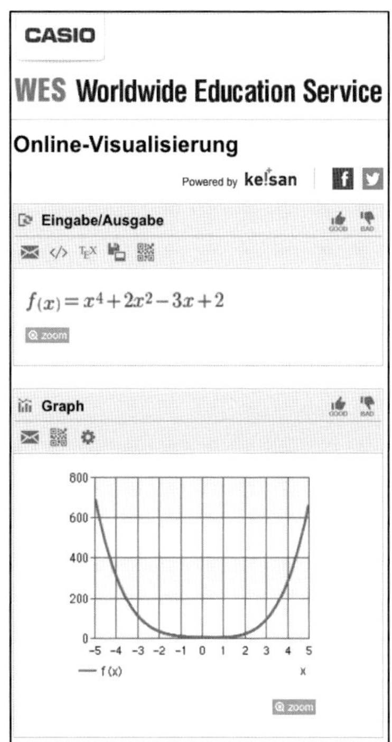

4 Terme

Der Rechner kann in vorgegebene Rechenausdrücke Werte für x einsetzen. Diese Funktion werden wir später nochmals bei Tabellen wiederfinden.

Wir berechnen den Rechenausdruck: $7x + 15$ für $x = 8$.

7×x+15

Hierzu geben wir den Rechen-ausdruck ein. Das benötigte Zeichen für x verbirgt sich hinter: ALPHA)

Anschließend drücken wir die **CALC** Taste und geben die Zahl 8 ein. Mit der Taste = schließen wir ab.

Mit einem weiteren Abschluss durch die Taste = erhalten wir das Ergebnis.

7×x+15

71

Eingabe eines Terms mit mehreren Variablen

Wir berechnen $x^2 + 4 \cdot\ A \cdot x$ für $x = 3$ und $A\ =\ -1$.

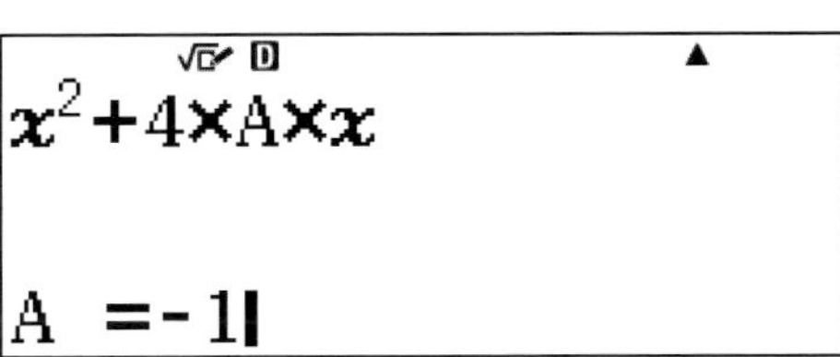

Nach der Eingabe von $x = 3$ werden wir aufgefordert, den Wert für A einzugeben. Nachdem wir das abgeschlossen haben, erscheint das Ergebnis: $3^2 + 4 \cdot (-1) \cdot 3 = -3$.

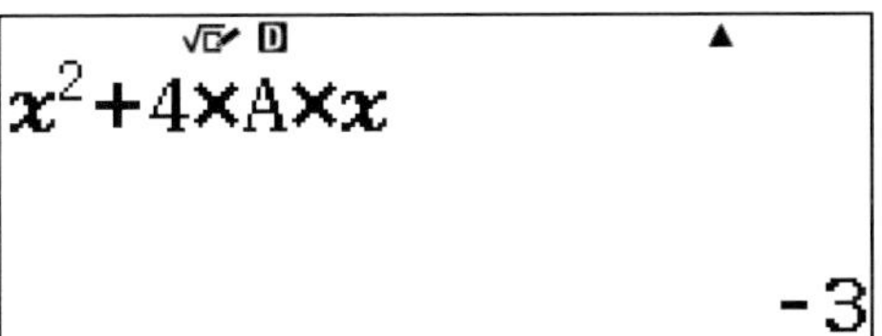

4.1 Übung - Terme

1. Berechne die folgenden Terme für die angegebenen Variablen!

   a) $x^2 + 2x - 12, x = 5$ b) $A \cdot e^{Bx}, A = 5, B = -0{,}5, x = 2$

Lösungen zu diesen Aufgaben auf Seite 50

5 Funktionen

5.1 Funktionswerte an einer Stelle x bestimmen

In Abschnitt 3.1 haben wir bereits Terme für einen bestimmten Wert berechnet. Zur Berechnung eines einzelnen Funktionswerts gehen wir analog vor.

Wir berechnen den Funktionswert der Funktion $f(x) = x^2 - 8x + 5$ an der Stelle $x = -2{,}5$.

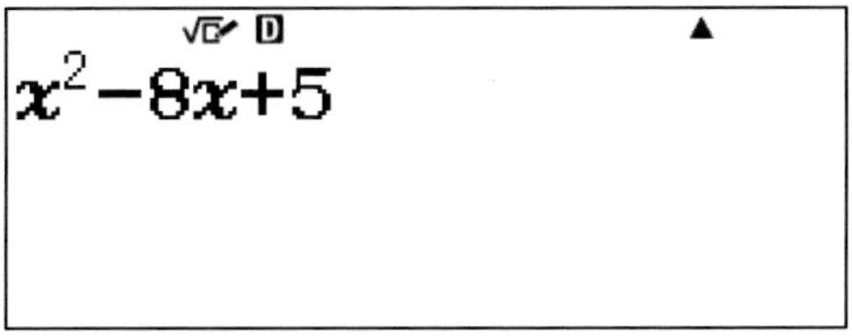

x^2-8x+5

Wir gehen ins Berechnungsfenster im **Hauptmenü: 1: Berechnungen**. Hier geben wir den Term für die Funktion ein. Mit der Taste **CALC** geben wir den Wert - 2,5 ein und schließen mit der Taste **=** ab.

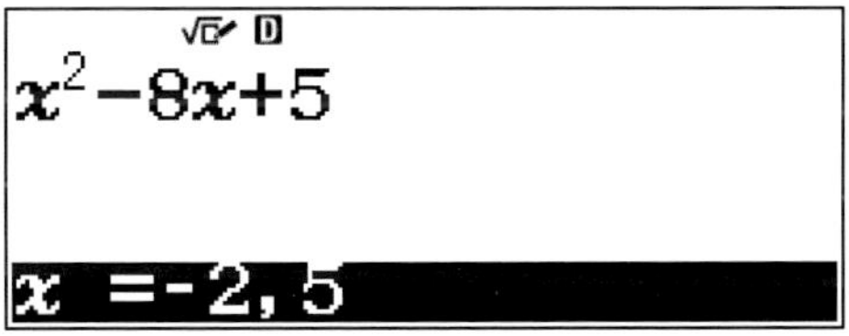

x^2-8x+5

x =-2,5

Das Ergebnis lautet $f(x) = 31{,}25$.

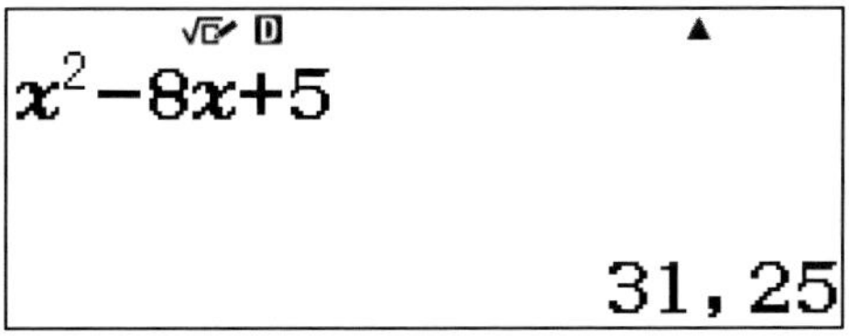

x^2-8x+5

31,25

Drücken wir noch einmal **CALC**, können wir weitere Werte für x einsetzen. Im Beispiel rechts $x = 2$.

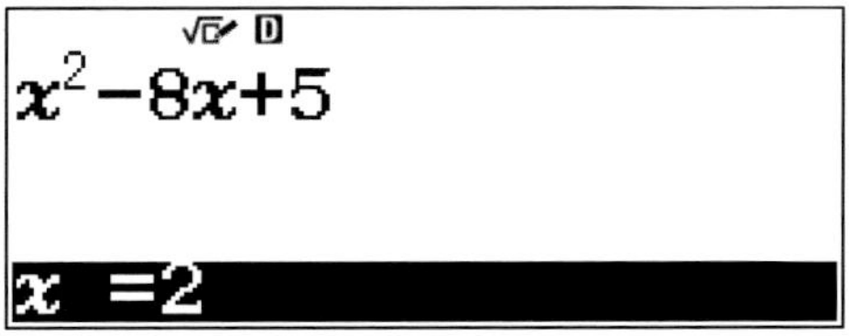

x^2-8x+5

x =2

Der Funktionswert lautet $f(x) = -7$.

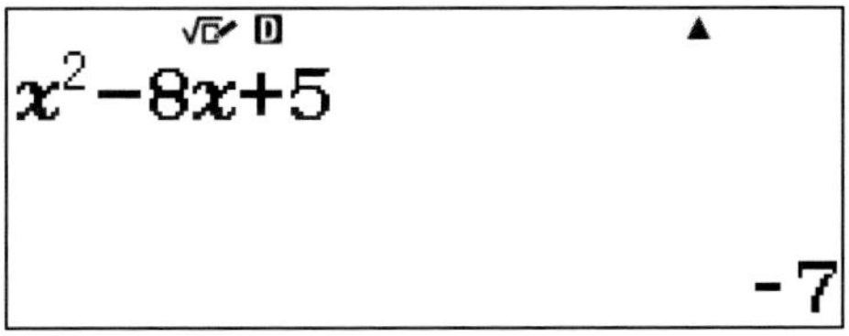

x^2-8x+5

-7

Übungen hierzu siehe: 4.1 Übung – Terme.

5.2 Funktionswerte in Wertetabelle darstellen

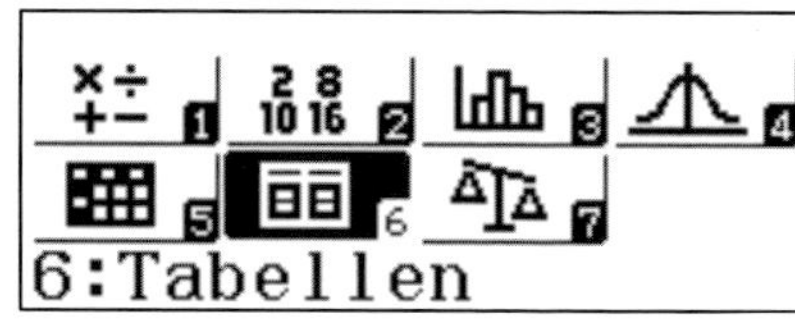

Mit dem Rechner können Wertetabellen von zwei Funktionen gleichzeitig dargestellt werden. Wertetabellen geben wir über das **Hauptmenü: 6: Tabellen (87 DE X) oder 3: Tabellen (82/85 DE X)** ein.

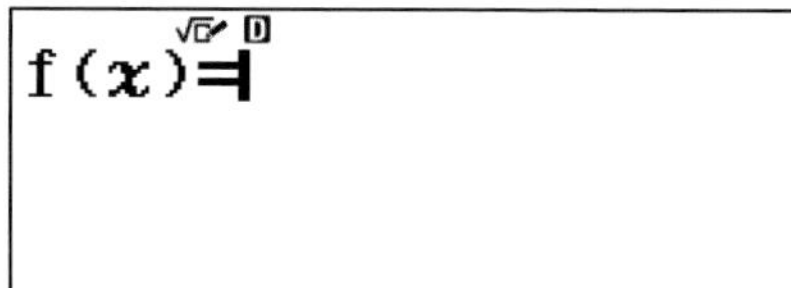

Es erscheint „$f(x) =$“ um den Funktionsterm der ersten Funktion einzugeben. Wir geben den Funktionsterm

$$f(x) = x^4 + 2x^2 - 3x + 2$$

ein und schließen die Eingaben mit der Taste = ab. Jetzt werden wir aufgefordert, den zweiten Funktionsterm $g(x)$ einzugeben.

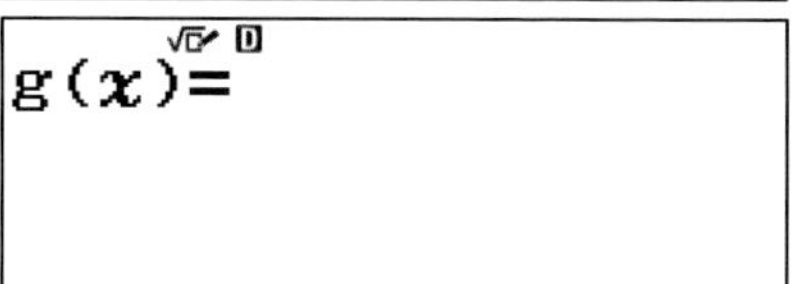

Im Setup kann man einstellen, ob generell eine oder zwei Funktionen eingegeben werden können!

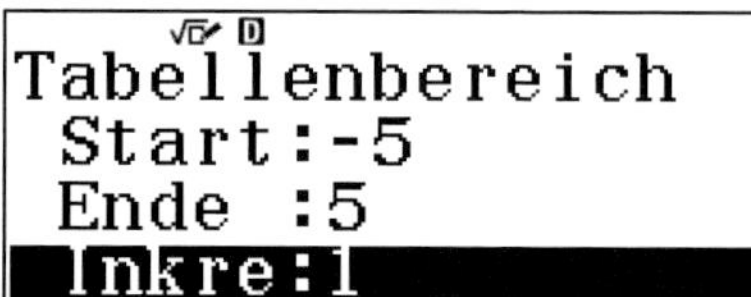

Wenn wir die 2. Funktion nicht benötigen, schießen wir direkt mit der Taste = ab. Im nächsten Schritt wird der Wertebereich abgefragt, wir wählen:

Startwert, **Start: -5**

Endwert, **Ende: 5**

Schrittweite, **Inkre: 1**

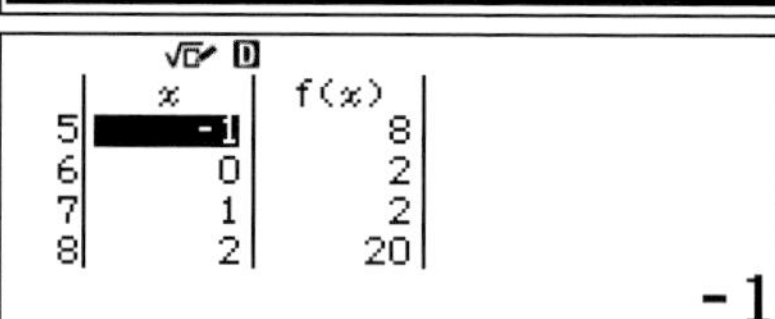

Mit den Pfeiltasten können wir durch die Tabelle blättern. **Am Ende der Tabelle können wir durch ein weiteres Blättern zusätzliche Funktionswerte eingeben!**

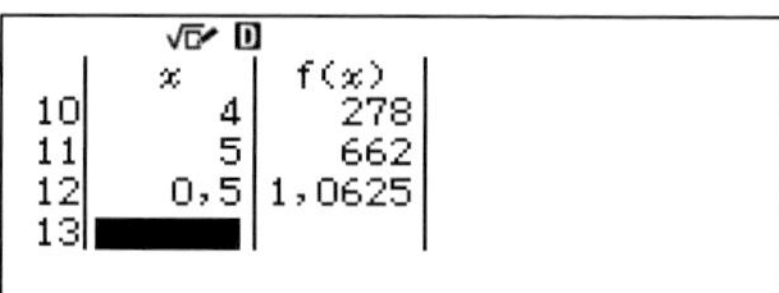

5.2.1 Übung – Funktionswerte in Wertetabelle darstellen

1. Stelle die folgenden Werte, die zu der Funktion $f(x) = 5 \cdot x^2$ gehören, in einer Tabelle dar und visualisiere das Ergebnis mit dem QR-Code Generator.

x	0	1	2	3	4	5
$f(x)$	0	5	20	45	80	125

Lösung zu dieser Aufgabe auf Seite 50

6 Wahrscheinlichkeitsrechnung / Statistik

6.1 Stichproben / Mittelwert / Standardabweichung

Wir wählen im **Hauptmenü:**
3: Statistik (87 DE X) oder
2: Statistik (82/85 DE X) aus.

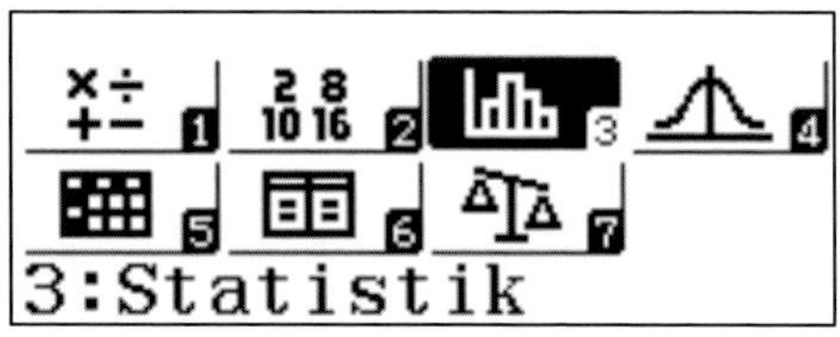

Zur Eingabe einer Liste von Werten wählen wir **1:1 Variable.** Wir wollen die folgenden Werte eingeben:

30, 29, 31, 33, 29, 30, 30, 32, 29

und anschließend die statistischen Kennwerte berechnen.

```
1:1 Variable
2:y=a+bx
3:y=a+bx+cx²
4:y=a+b•ln(x)
```

Die Eingabe schließen wir ab, indem wir nun **OPTN** aufrufen.

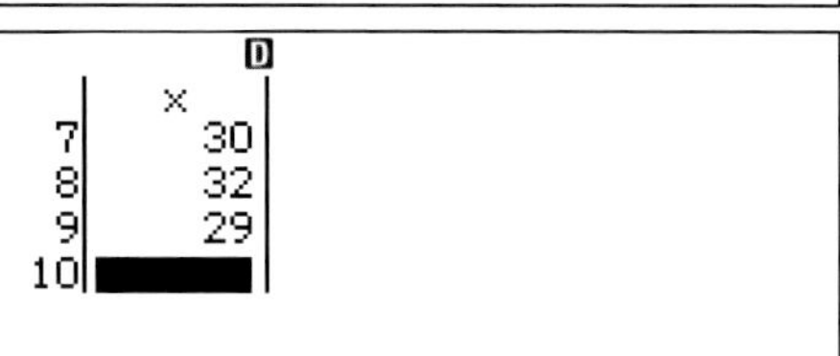

Zur Berechnung der Variablen wählen wir **3:1-Variab-Berech**.

```
1:Typ auswählen
2:Editor
3:1-Variab-Berech
4:Statistik-Rechn
```

Mittelwert: $\bar{x} \approx 30{,}33$

Summe aller Werte: $\sum x = 273$

Varianz: $\sigma^2 x \approx 1{,}78$

Standardabweichung: $\sigma x \approx 1{,}33$

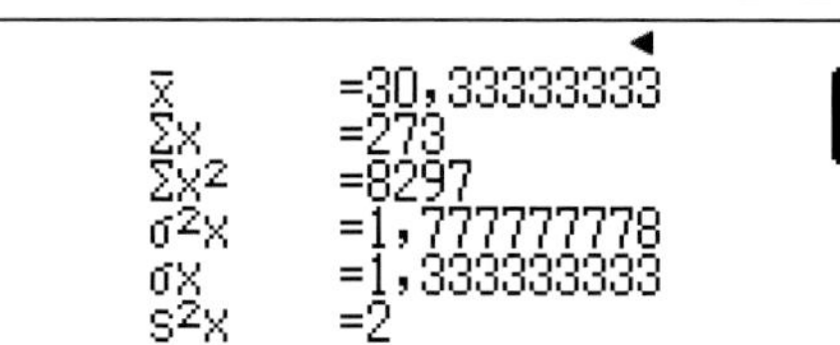

Mit der Pfeiltaste kann man nach unten blättern um weitere statistische Werte zu erhalten.

```
sx      =1,414213562
n       =9
min(x)  =29
Q1      =29
Med     =30
Q3      =31,5
```

6.2 Relative Häufigkeiten / Wahrscheinlichkeitsverteilung

6.2.1 Einstellungen im SETUP

Im zweiten Fenster des SETUP finden wir den Punkt **2: Statistik (87 DE X)**.
Durch die Auswahl von **1:Ein** schalten wir die Häufigkeit ein, d. h. bei der Eingabe der Werte erscheint jetzt eine zusätzliche Spalte zur Eingabe der Häufigkeit.

```
1:Bruchergebnis
2:Statistik
3:Tabellenkalk.
4:Tabellen
```

```
Häufigkeit ein?
1:Ein
2:Aus
```

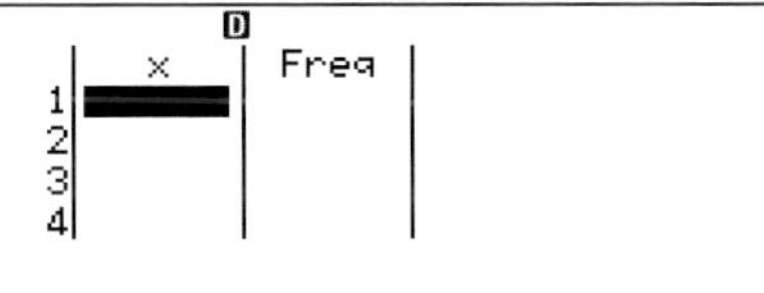

6.2.2 Beispielaufgabe

Die Zufallsgröße X gibt den Gewinn in Euro bei einem Glücksspiel mit einem Einsatz von 1,00 € an. In der Tabelle ist die Wahrscheinlichkeits-verteilung dargestellt.

Gewinn	-1	0	1	4
P(X)	0,6	0,2	0,15	0,05

Wir berechnen den Erwartungswert und die Standardabweichung:

Über **Hauptmenü: 3:Statistik** rufen wir **1:1 Variable** auf.

```
1:1 Variable
2:y=a+bx
3:y=a+bx+cx²
4:y=a+b•ln(x)
```

Jetzt geben wir die Werte und Häufigkeiten ein.

Die Eingabe schließen wir ab, indem wir nun **OPTN** aufrufen.

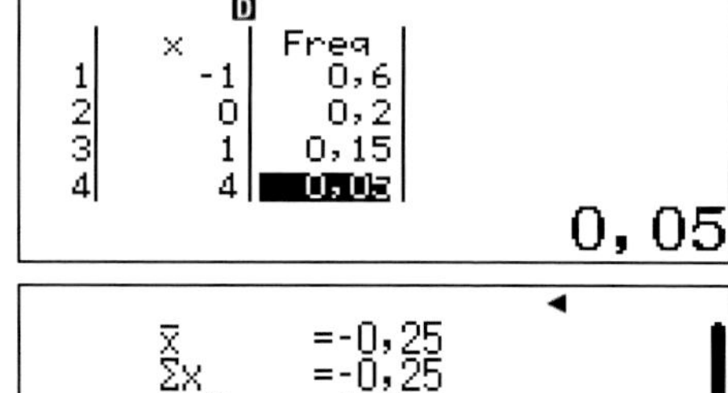

Zur Berechnung der Variablen wählen wir **3:1-Variab-Berech**.

```
x̄     =-0,25
Σx    =-0,25
Σx²   =1,55
σ²x   =1,4875
σx    =1,219631092
s²x   =
```

6.3 Kombinatorik

6.3.1 Fakultät

Anzahl möglicher Kombinationen

Bei einem Pferderennen mit 12 Pferden gibt es **12!** Möglichkeiten der Einlaufreihenfolge. Die Funktion Fakultät erhalten wir mit der

Tastenkombination: 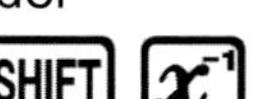

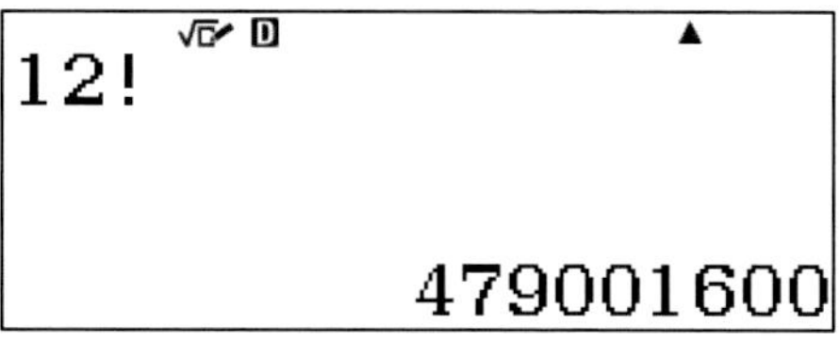

1 2 SHIFT x^{-1} =

6.3.2 Ziehen aus einer Urne ohne Zurücklegen mit Beachtung der Reihenfolge

Zieht man aus einer Urne mit n verschiedenen Kugeln r Kugeln ohne Zurücklegen, so gibt es $\frac{n!}{(n-r)!}$ Möglichkeiten.

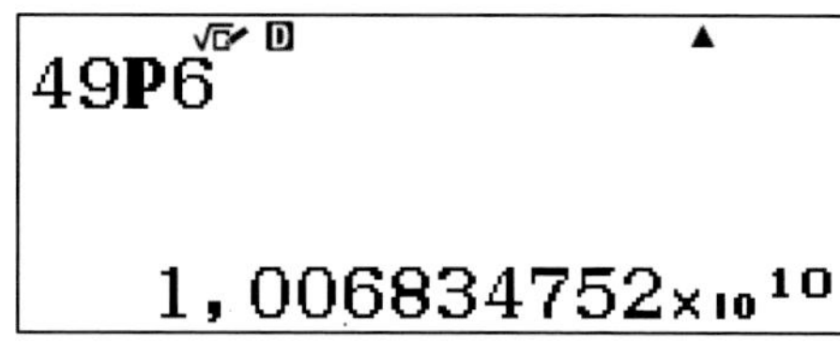

Wir ziehen 6 Kugeln aus 49.

4 9 SHIFT × 6 =

6.3.3 Ziehen aus einer Urne ohne Zurücklegen ohne Reihenfolge

Zieht man aus einer Urne mit n verschiedenen Kugeln r Kugeln ohne Beachtung der Reihenfolge, so gibt es $\frac{n!}{r!\cdot(n-r)!}$ Möglichkeiten.

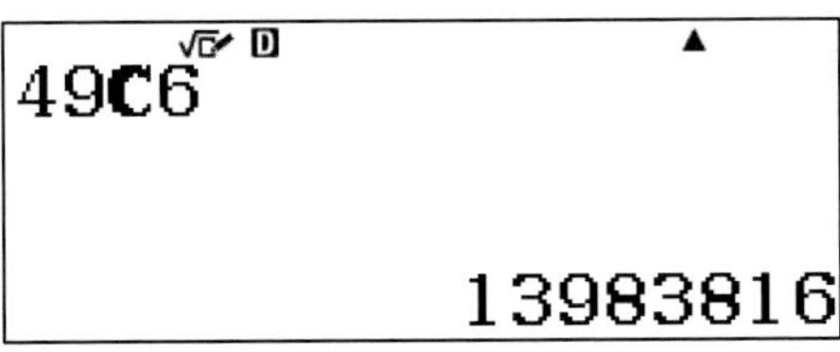

Wir ziehen 6 Kugeln aus 49, ohne Beachtung der Reihenfolge.

[4] [9] [SHIFT] [÷] [6] [=]

6.4 Binomialverteilung (nur 87 DE X)

6.4.1 Bernoulli-Experiment, Wahrscheinlichkeitsverteilung

$$P(k) = \binom{n}{k} \cdot p^k \cdot (1-p)^{n-k}$$

Die Formel für eine Binomialverteilung ist im Rechner hinterlegt.
Ein Werkstück hat bei einer einzelnen Prüfung einen Fehler mit einer Wahrscheinlichkeit von 0,1 %. Die Prüfung wird 100-mal durchgeführt. Die Wahrscheinlichkeit, genau *k* fehlerhafte Werkstücke zu finden ist $P(k)$.

Wir starten im **Hauptmenü:**
4: Verteilungsfkt. und wählen dann
4: Binomial-Dichte.

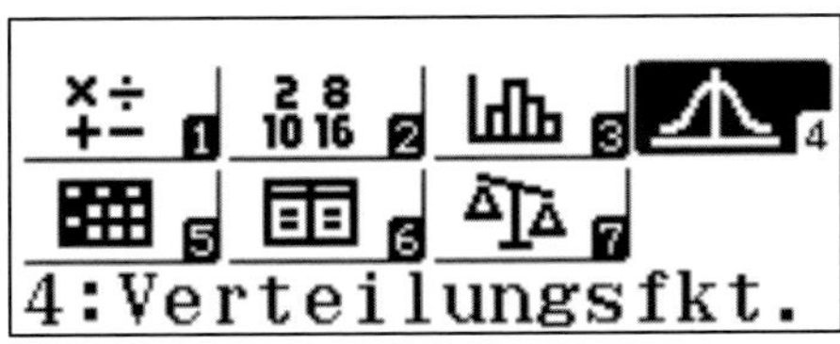

Für einen einzelnen Wert wählen wir
2: Variable, für eine Verteilung
1: Liste.

1:Normal-Dichte
2:Kumul. Normal-V
3:Inv. Normal-V.
4:Binomial-Dichte

$p = 0{,}1$

$n = 100$

$k = 10$

1:Liste
2:Variable

```
Binomial-Dichte
 k      :10
 n      :100
 p      :0,001
```

```
P=
                1,581971924×10^-17
```

6.4.2 Kumulierte Binomialverteilung

Berechne die kumulierte Binomialverteilung für:

$$n = 10, k = 5, p = 0{,}3$$

```
1:Kumul. Binom.-V
2:Poisson-Dichte
3:Kumul.Poisson-V
```

Wir blättern im Menü nach unten und wählen **1: Kumul. Binom.-V**

```
Kumul. Binom.-V
 k      :5
 n      :10
 p      :0,3
```

Hier geben wir die Parameter ein.

Die Wahrscheinlichkeit, dass bei 10 Werkstücken 0 .. 5 fehlerhaft sind, wenn die Wahrscheinlichkeit für ein einzelnes Werkstück 30 % beträgt liegt bei etwa 95 %.

```
P=
                    0,9526510126
```

Zu dieser Aufgabe kann passend die grafische Darstellung per QR-Code abgerufen werden.

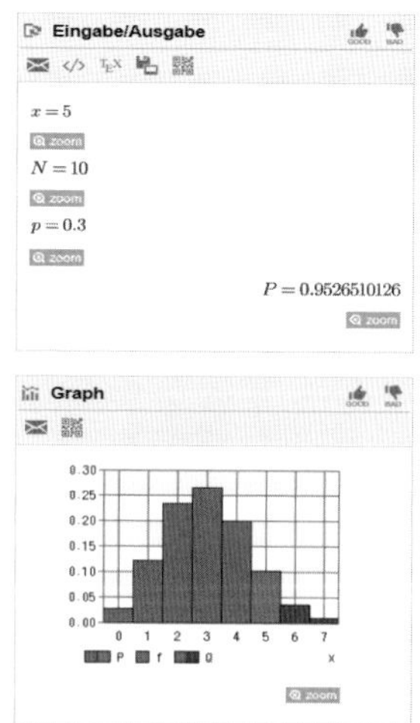

7 Regression

7.1 Lineare Regression

Aus zwei Punkten kann man eine Geradengleichung oder lineare Funktionsgleichung bestimmen. Bei Messreihen in der Physik muss manchmal ebenso eine Gerade durch mehr als 2 Punkte gelegt werden. In diesem Fall liegt die Gerade nicht auf allen Punkten, sondern stellt eine „Bestgerade" dar. Beide Fälle werden wir hier betrachten.

Wir bestimmen die Geraden-gleichung der Geraden durch die Punkte **A (1|1)** und **B (7|4)**.

Wir wählen **6: Statistik** im **Hauptmenü** und

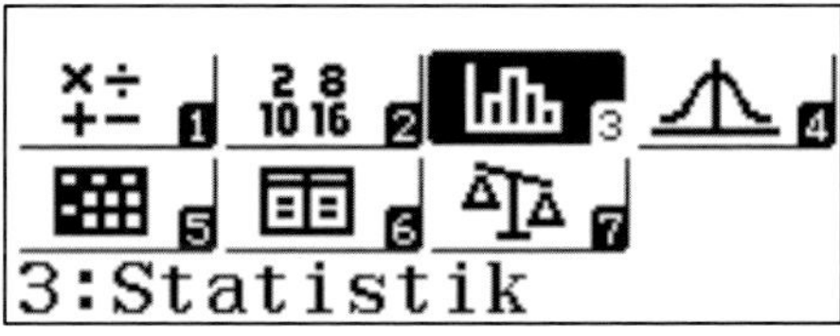

2:y=a+bx.

1:1 Variable
2:y=a+bx
3:y=a+bx+cx²
4:y=a+b·ln(x)

Das steht für eine lineare Funktion.

In der anschließend erscheinenden Tabelle geben wir die zwei Punkte mit ihren x- und y-Werten ein.

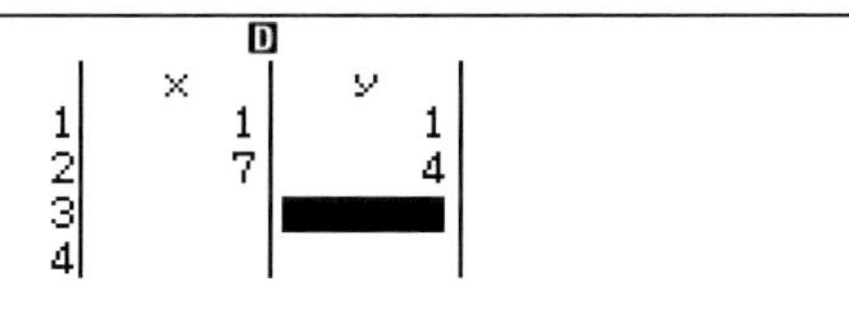

Zur weiteren Bearbeitung drücken wir

für die Regression.

1:Typ auswählen
2:Editor
3:2-Variab-Berech
4:Regression

Als Ergebnis erhalten wir:

a= 0,5 und b=0,5

y=a+bx
a=0,5
b=0,5
r=1

Die Gleichung der gesuchten Funktion lautet somit $f(x) = \frac{1}{2}x + \frac{1}{2}$.

Das Ergebnis einer Regression können wir per QR-Code visualisieren. Hierzu sollten wir uns in der Tabellenansicht befinden und SHIFT OPTN für den QR-Code drücken.

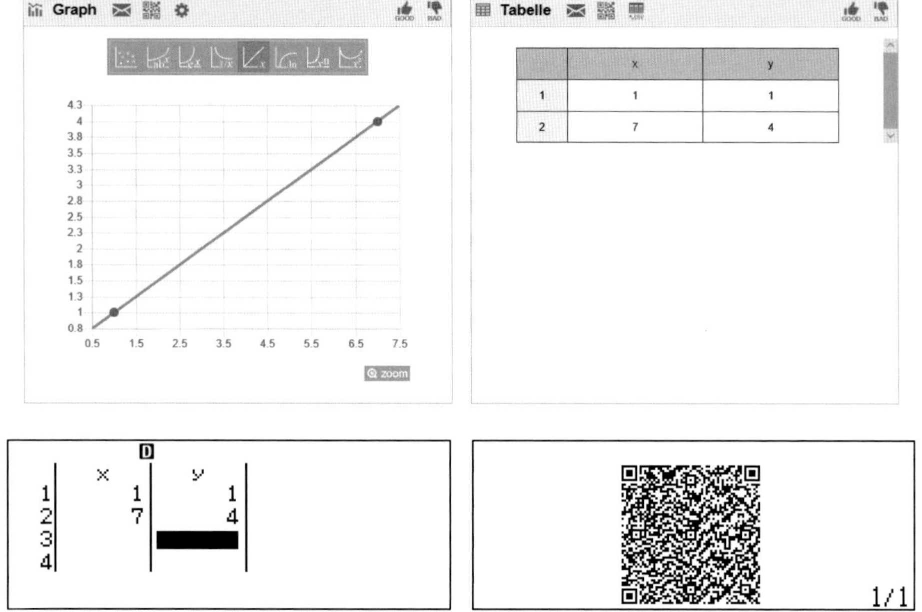

7.1.1 Messreihe eines linearen Zusammenhangs darstellen

In der Physik messen wir verschiedene Spannungen und Stromstärken an einem ohmschen Widerstand. Es gilt das ohmsche Gesetz: $U = R \cdot I$.

Wir nehmen folgende Wertetabelle auf und bestimmen den Widerstand R aus diesen Messwerten.

I (=x) [A]	0	0,012	0,026	0,039	0,053
U (=y) [V]	0	5	10	15	20

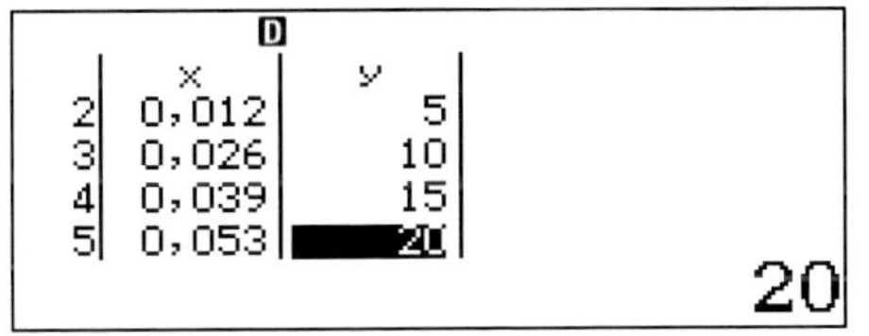

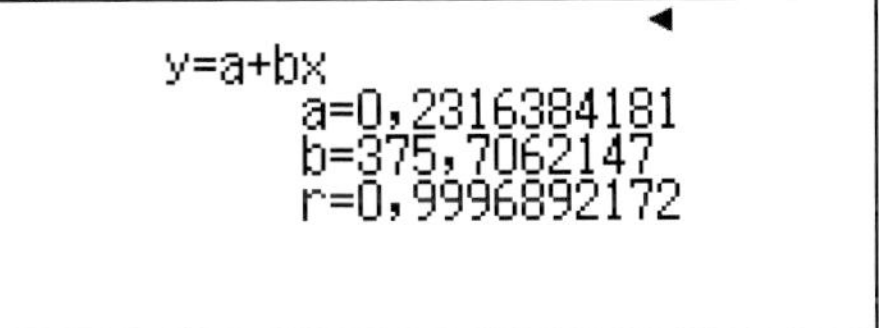

Als Ergebnis erhalten wir die Funktion: $f(x) = 375{,}7 \cdot x + 0{,}23$.

Den Wert 0,23 als y-Achsenabschnitt müssen wir vernachlässigen, da das ohmsche Gesetz eine proportionale Funktion ist und der y-Achsenabschnitt Null ist. Der Widerstand aus unserer Messreihe beträgt $R \approx 375{,}7\Omega$.

Die Visualisierung mit dem QR-Code zeigt uns das Ergebnis anschaulich:

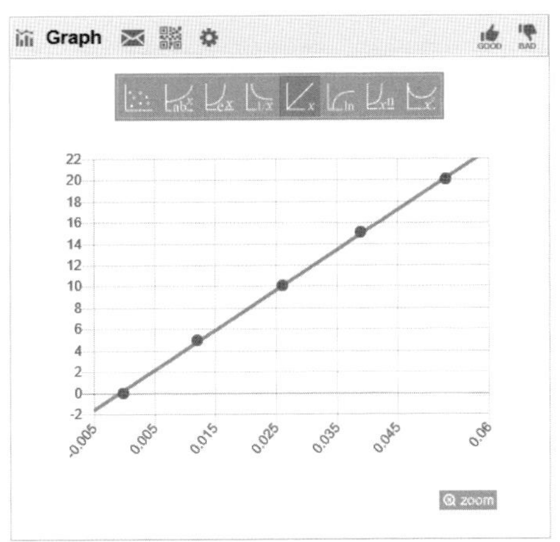

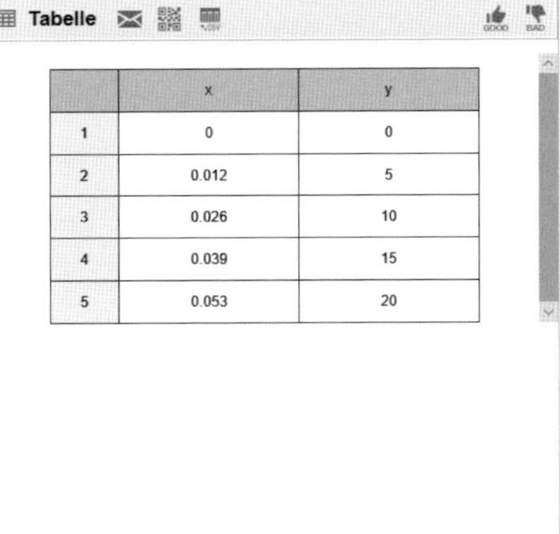
Tabelle

	x	y
1	0	0
2	0.012	5
3	0.026	10
4	0.039	15
5	0.053	20

7.2 Quadratische Regression

Um eine allgemeine quadratische Funktion $f(x) = a \cdot x^2 + b \cdot x + c$ eindeutig zu bestimmen, benötigt man mindestens 3 Punkte.

Gegeben sind die 3 Punkte

A (2|2,5), **B (3|3)** und **C (5|1)**.

Hauptmenü: 3: Statistik (87 DE X)

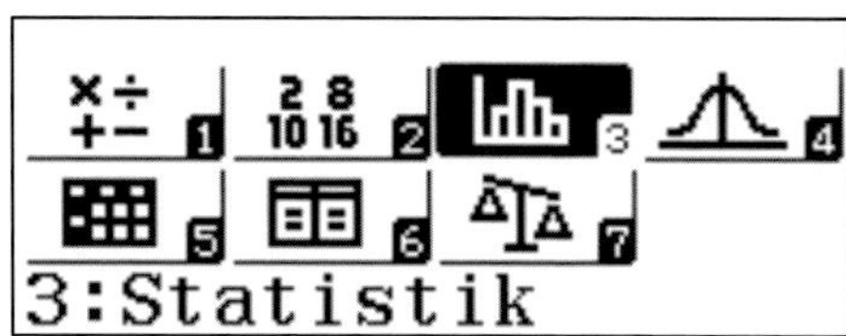

Wir wählen

3: y=a+bx+cx²

für eine allgemeine quadratische Funktion.

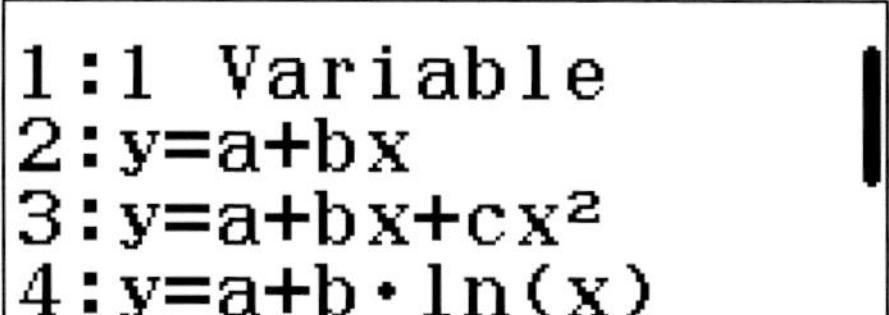

Nach Eingabe der Punkte in die Tabelle berechnen wir die Parameter mit:

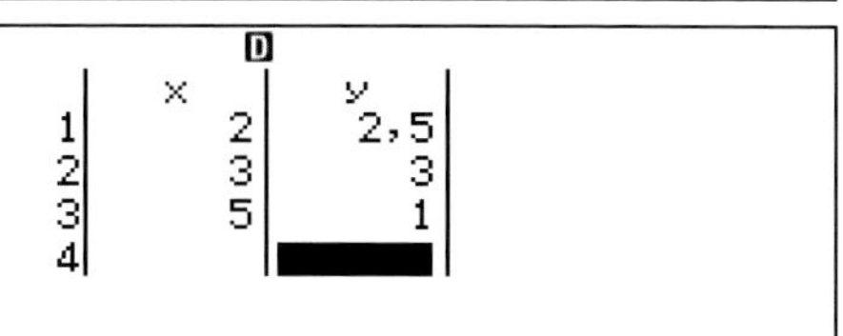

y=a+bx+cx²
a=-1,5
b=3
c=-0,5

Die gesuchte quadratische Funktion lautet:

$$f(x) = -0{,}5x^2 + 3x - 1{,}5.$$

Bei dieser Art der Regressionsberechnung ist die Visualisierung per QR-Code sehr hilfreich!

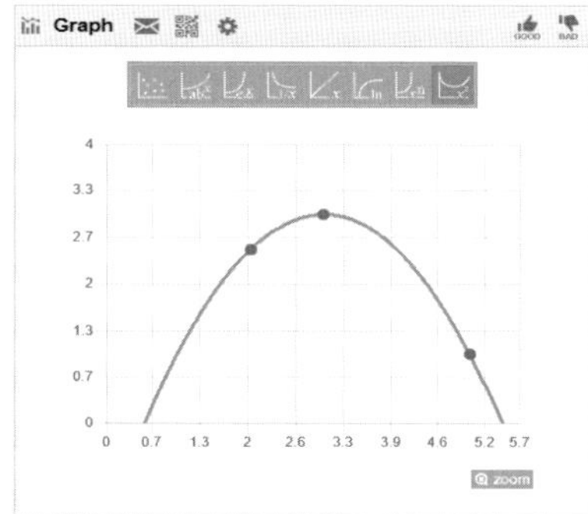

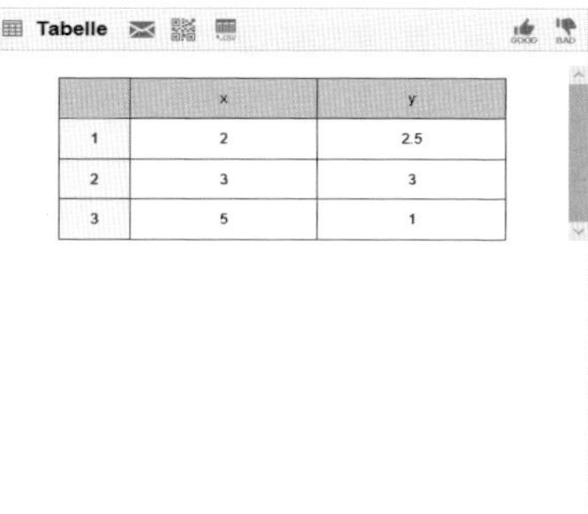
Tabelle

	x	y
1	2	2.5
2	3	3
3	5	1

7.3 Exponentielle Regression

Eine Algenpopulation in einem See verdoppelt alle 3 Tage ihre Fläche. Zum Zeitpunkt **t = 0** sind bereits **10 m²** mit Algen zugewachsen.

Die Aufgabenstellung: Bestimmen Sie die zu Grunde liegende Funktion. Wir erstellen zunächst eine Wertetabelle.

Zeit [Tage]	0	3	6	9	12
Fläche [m^2]	10	20	40	80	160

Mit diesen Werten führen wir eine exponentielle Regression durch.

Hauptmenü: 3: Statistik (87 DE X)

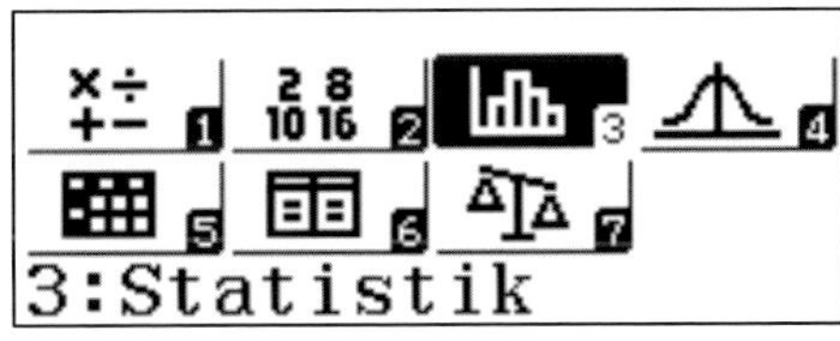

Als Exponentialfunktion mit einem möglichen Parameter im Exponenten wählen wir:

1: y = a · e^(bx).

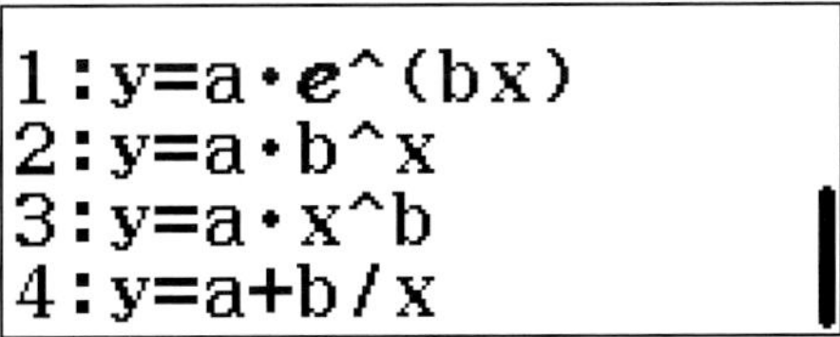

Nach der Eingabe der Werte in der Tabelle rufen wir die Berechnung mit

OPTN 4

auf.

	x	y
2	3	20
3	6	40
4	9	80
5	12	160

160

Die gesuchte Funktion lautet:
$f(x) = 10 \cdot e^{0,231x}$.

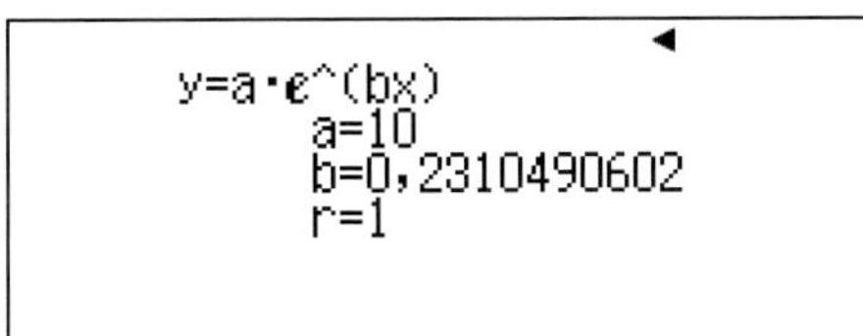

Die Visualisierung mit QR-Code:

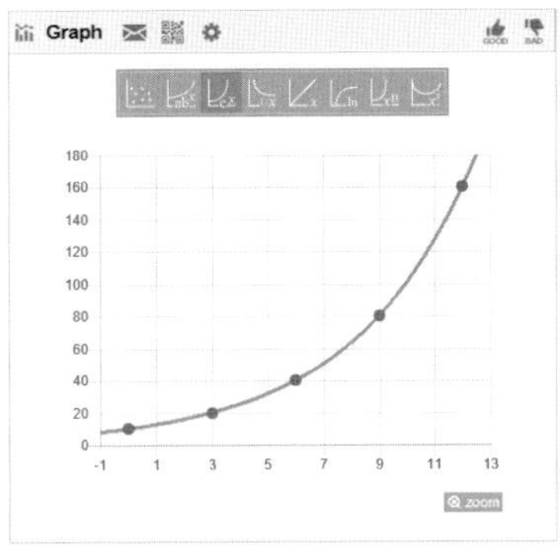

Tabelle

	x	y
1	0	10
2	3	20
3	6	40
4	9	80
5	12	160

8 Lösungen zu den Übungen

8.1 Lösungen zu Kapitel 1

1 a)

30÷4

$\frac{15}{2}$

1: Bruchergebnis

1:Bruchergebnis
2:Komplexe Zahlen
3:Statistik
4:Tabellenkalk.

2: d/c

1:ab/c
2:d/c

1 b)

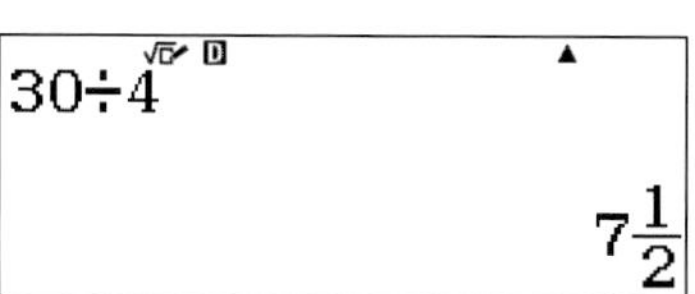

1: ab/c

1:ab/c
2:d/c

1 c)

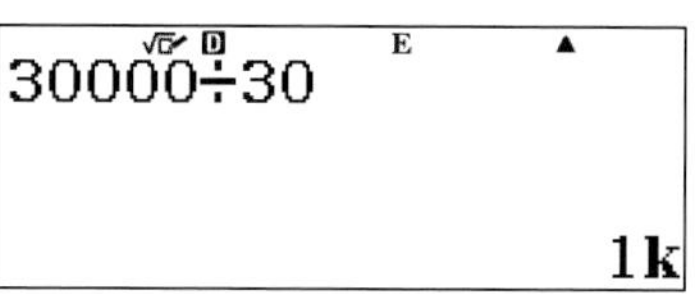

Dezimalpräfixe?
1:Ein
2:Aus

1: Ein

2 a)

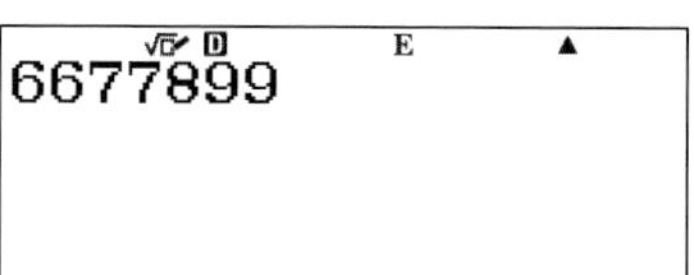

667899÷9

74211

2 b)

Eingabe	Ergebnis
sin(39)	
sin(30)	$\frac{1}{2}$

2 c)

Eingabe	Ergebnis
$\sqrt{125}$	
$\sqrt{121}$	11

3 a)

Eingabe	Ergebnis
7×5	35
Ans−5	30
Ans÷10	3
Ans^2	9

3 b)

Eingabe	Ergebnis
3^7	2187
Ans÷9	243
Ans−3	240
Ans+16	256
$\sqrt[4]{Ans}$	4

8.2 Lösungen zu Kapitel 2

8.2.1 Zahlendarstellung

1. Taste: S⇔D a) 0,15 b) 0,375 c) 0,04 d) 1,75

2. a) $\frac{3}{8}$ b) $\frac{2}{5}$ c) $\frac{4}{25}$ d) $\frac{7}{25}$

3. a)

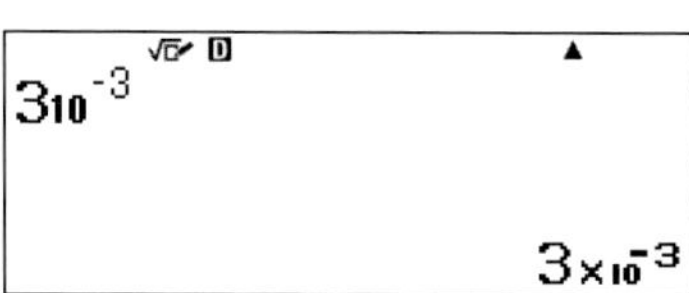

b)

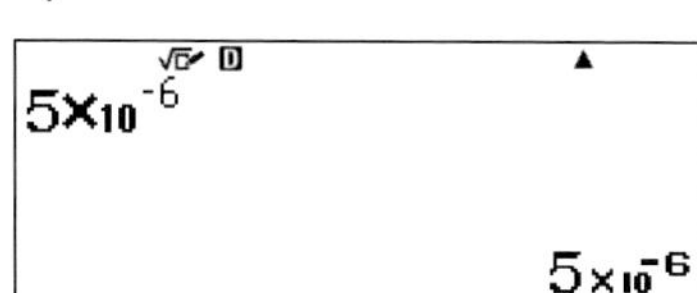

c)

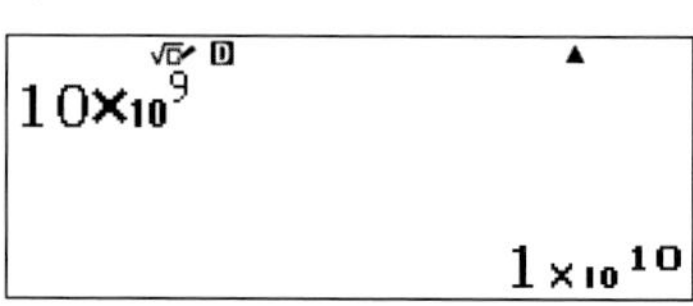

d)

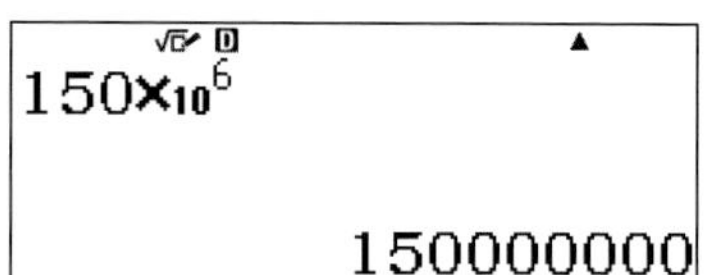

4. a)

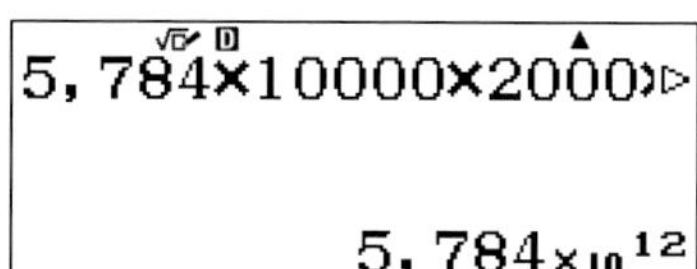

b)

$2,76\times10^{23}\times1,5\times10^{-9}\times$

$1,1178\times10^{18}$

c)

$(2,5\times10^{12})\div(50\times10^{-8})$

5×10^{18}

8.2.2 Primfaktorzerlegung, ggT und kgV

1. a) 

b)
2499
$3 \times 7^2 \times 17$

c)
72675
$3^2 \times 5^2 \times 17 \times 19$

2. a)
GCD(250;400)
50

b)
GCD(8100;8700)
300

c)
GCD(11025;11100)
75

3. a)
LCM(14;18)
126

b)
LCM(30;50)
150

c)
LCM(215;225)
9675

8.2.3 Teilen mit Rest und Runden

1. a)
217÷R5
43;R=2

b)
3277÷R20
163;R=17

c) $9921 \div R 17$ → $583; R=10$

2. a) $15 \div 0,\overline{3}$ → 45

b) $12 \times 0,\overline{7}$ → $9\frac{1}{3}$

c) $2,\overline{3} \div 0,\overline{3}$ → 7

8.2.4 Bruchrechnung

1. a) $\frac{1}{2}+\frac{3}{5}+\frac{5}{6}$ → $1\frac{14}{15}$

b) $\frac{3}{8}-\frac{3}{4}+\frac{5}{2}$ → $2\frac{1}{8}$

c) $\frac{1}{3}-\frac{2}{9}+\frac{1}{6}$ → $\frac{5}{18}$

2. a) $\frac{15}{4} \div \frac{5}{2}$ → $\frac{3}{2}$

b) $-\frac{18}{10} \div 0,6$ → -3

c) $-\frac{28}{10} \div \left(-\frac{14}{25}\right)$ → 5

3. a) $\dfrac{\frac{3}{8}\times\left(\frac{1}{2}-\frac{3}{8}\right)^2}{\frac{1}{24}}$ $\qquad \dfrac{9}{64}$

   b) $2-\dfrac{\frac{7}{6}-\frac{2}{3}}{\frac{1}{4}}$ $\qquad 0$

8.2.5 Prozentrechnung

1. a) 150×7% — 10,5

   b) 299×19% — 56,81

   c) 85%×350 — 297,5

2. a) 30÷200 — 0,15

   b) 60÷3000 — 0,02

   c) 299÷5000 — 0,0598

3. a) 24,95−(24,95×30%) — 17,465

   b) 89,90×70% — 62,93

   c) 129×70% — 90,3

8.2.6 Wurzeln und Potenzen

1. a) $\sqrt{243}\times\sqrt{27}$ = 81

   b) $2\times\sqrt{12}\times\sqrt{75}$ = 60

   c) $\sqrt{120}\times\sqrt{3}$ = $6\sqrt{10}$

2. a) $\sqrt[3]{27}\times\sqrt[5]{32}$ = 6

   b) $\frac{\sqrt{256}}{\sqrt{32}}$ = $2\sqrt{2}$

   c) $\sqrt[3]{3^9}$ = 27

3. a) 3^4 = 81

   b) 320^3 = 32768000

3. c) 2^{10} = 1024

   d) 2^{24} = 16777216

4. a) $3^2\times4^3\times5^4\times6^5$ = 2799360000

   b) $3^7\div10^4$ = 0,2187

   c) $10^6\div10^{-4}$ = 1×10^{10}

8.2.7 Zufallszahlen

1. Ran#

$\frac{477}{1000}$

Eine einzelne Zufallszahl.

2. RanInt#(1;6)

3

Eine Zufallszahl zwischen 1 und 6.

3. 9:Tabellen

0 ist Kopf (K), 1 ist Zahl (Z). Die Zufallsfunktion wird als Tabelle dargestellt.

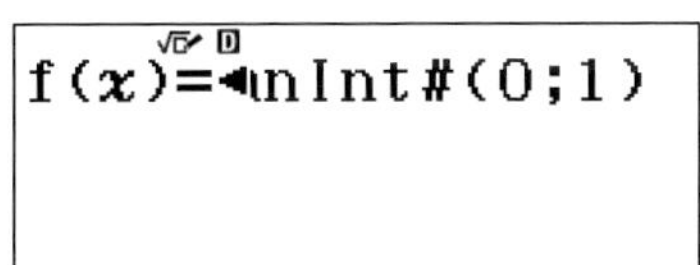

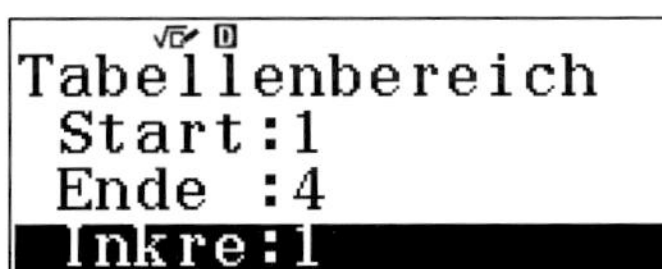

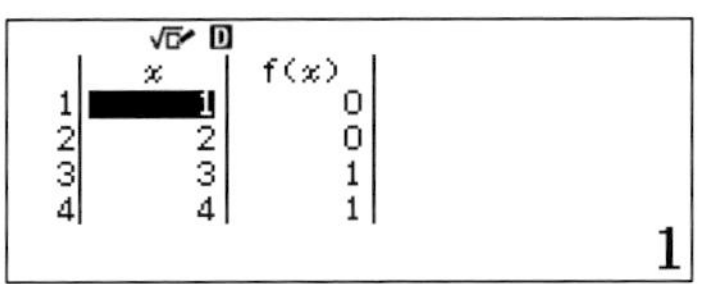

Im Beispiel wird K, K, Z, Z gewürfelt.

8.2.8 Einheiten umrechnen

1. a) 20 m/s = 72 km/h
   b) 35 m/s = 126 km/h
   c) 17 m/s = 61,2 km/h

2. Rechne um!

a)	2 Inch	in	cm	=	5,08 cm
b)	100 Yard	in	m	=	91,44 m
c)	25 Seemeilen	in	m	=	46300 m
d)	20 Knoten	in	km/h	=	10,288888 m/s = 37,039.. km/h
e)	25000000 m^2	in	ha	=	2500 ha
f)	15000 Liter	in	m^3	=	15 m^3

g) 300 m^3 in Liter = 300000 l

3. Rechne um!

   a) Wie viele Sekunden hat der Januar? 31 Tage = 2678400 s

   b) Wie viele Tage sind 1 Million Sekunden?
   1 000 000 s = 11,57 Tage, ungefähr 11 ½ Tage

8.3 Lösungen zu Kapitel 4

8.3.1 Terme

1. a)

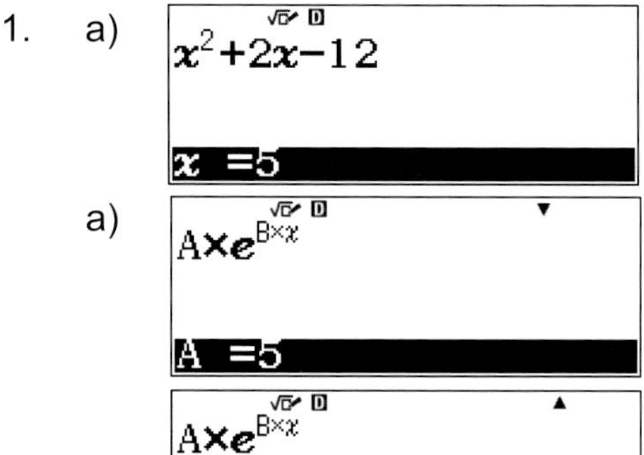

a)

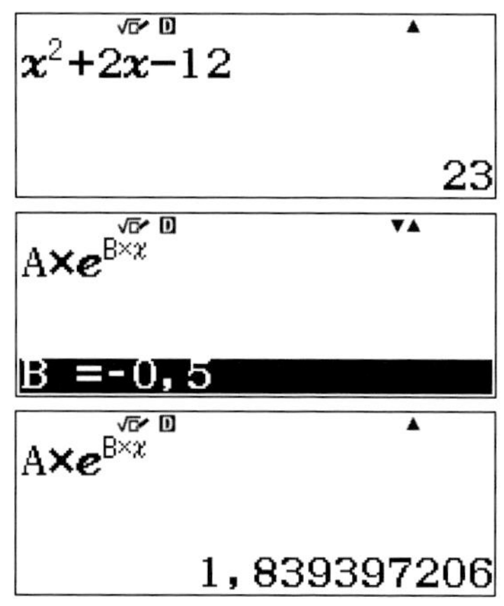

$A\times e^{B\times x}$

x =2

8.4 Lösungen zu Kapitel 5

8.4.1 Funktionswerte in einer Tabelle darstellen

1.

$f(x)=5\times x^2$

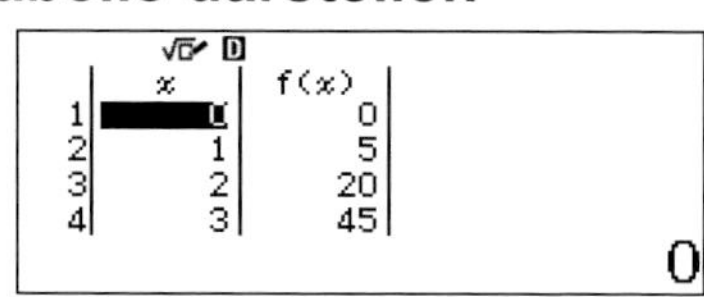

	x	f(x)
1	0	0
2	1	5
3	2	20
4	3	45

0

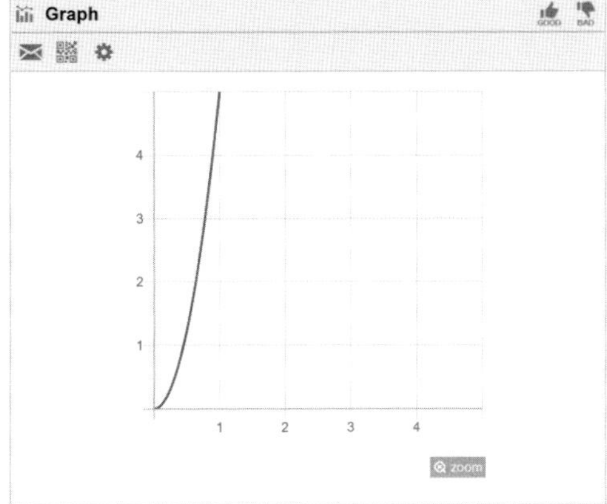
Graph
GOOD
BAD
4
3
2
1
1
2
3
4
zoom

A - Wichtige Befehle | Shortcuts

Thema	Tasten / Befehle / Menü	
Allgemeine Einstellungen / Berechnungen		
Bogenmaß, Gradmaß	SHIFT MENU 2	1:Eingabe/Ausgabe 2:Winkeleinheit 3:Zahlenformat 4:Dezimalpräfixe
Dezimaldarstellung in Bruchdarstellung umwandeln.	S⇔D	MENU 1
Einheiten umrechnen *CONV*	SHIFT 8	MENU 1
Primfaktorzerlegung *FACT*	SHIFT °’’’	MENU 1
ggT = größter gemeinsamer Teiler *GCD*	ALPHA ×	MENU 1
kgV = kleinstes gemeinsames Vielfaches *LCM*	ALPHA ÷	MENU 1

Thema	Tasten / Befehle / Menü	
Regression		
Lineare Regression	MENU 3 2 87 DE X MENU 2 2 82/85 DE X Nach Eingabe der Werte: OPTN 4	1:1 Variable 2:y=a+bx 3:y=a+bx+cx² 4:y=a+b•ln(x) 1:Typ auswählen 2:Editor 3:2-Variab-Berech 4:Regression
Quadratische Regression	MENU 3 2 87 DE X MENU 2 2 82/85 DE X Nach Eingabe der Werte: OPTN 4	
Exponentielle Regression	MENU 3  1 MENU 2 ▼ 1 Nach Eingabe der Werte: OPTN 4	1:y=a•e^(bx) 2:y=a•b^x 3:y=a•x^b 4:y=a+b/x

QR-Code Generator		
Allgemeiner Aufruf (Internet-Verbindung zur Anzeige von Grafiken erforderlich!)	SHIFT OPTN	

Thema	Tasten / Befehle / Menü	
Wahrscheinlichkeitsrechnung		
Fakultät $n!$	SHIFT x^{-1}	MENU 1
Kombinationen nCr	SHIFT ÷	MENU 1
Permutationen nPr	SHIFT ×	MENU 1
Wahrscheinlichkeit einer Binomialverteilung **(nur 87 DE X)**	MENU 4 4	1:Normal-Dichte 2:Kumul. Normal-V 3:Inv. Normal-V. 4:Binomial-Dichte
Kumulierte Wahrsch. einer Binomialverteilung **(nur 87 DE X)**	MENU 4 ▼ 1	1:Kumul. Binom.-V 2:Poisson-Dichte 3:Kumul.Poisson-V
Wahrscheinlichkeit einer Normalverteilung **(nur 87 DE X)**	MENU 4 1	1:Normal-Dichte 2:Kumul. Normal-V 3:Inv. Normal-V. 4:Binomial-Dichte
Kumulierte Wahrsch. einer Normalverteilung **(nur 87 DE X)**	MENU 4 2	1:Normal-Dichte 2:Kumul. Normal-V 3:Inv. Normal-V. 4:Binomial-Dichte

Anhang B - Übungsaufgaben

B.1 Bruchrechnen

1. Aufgabe: Berechne

a) $\frac{15}{24}:\frac{5}{12}$ b) $-\frac{22}{7}:\left(-\frac{33}{14}\right)$ c) $\frac{128\,kg}{32}$ d) $\frac{357\,€}{51\,€}$

2. Aufgabe: Berechne

a) $0{,}36 : 0{,}9$ b) $2{,}56 : 16$ c) $0{,}324 : 0{,}009$

3. Aufgabe: Wie oft sind enthalten

a) $\frac{3}{8}\,kg$ in $4\frac{1}{8}\,kg$ b) $1\frac{1}{5}\,h$ in $6\,h$ c) $2{,}5\,km$ in $11{,}25\,km$

4. Aufgabe: Berechne

a) $\frac{1}{8}+\frac{0{,}7-(0{,}4)^2}{0{,}18}$ b) $\frac{4\cdot 0{,}3\,+\,0{,}4\cdot 3}{0{,}24}$ c) $\frac{\frac{3}{5}\cdot\frac{3}{2}+0{,}1}{0{,}01}$

5. Aufgabe: Textaufgabe

An deiner Schule besuchen 54 Schüler eine Musikklasse. Das sind $\frac{3}{50}$ aller Schüler der Schule. Wie viele Schüler hat deine Schule in diesem Fall insgesamt?

6. Aufgabe: Textaufgabe

Für deine Stadt findest du folgende Niederschlagstabelle.

Monatswerte Niederschlag in l/m²:

Monat/Jahr	2003	2005
Januar	71,8	42,7
Februar	13,3	43,1
März	16,5	23,4
April	20,8	45,9
Mai	81,8	46,2
Juni	22,2	55,0
Juli	44,3	67,8
August	32,7	48,7
September	35,1	57,1
Oktober	45,0	28,6
November	28,1	37,5
Dezember	30,8	34,5

a) Berechne für jedes Jahr den Monatsdurchschnitt (Mittelwert der monatl. Niederschlagsmenge), runde auf eine Stelle hinter dem Komma!

b) In welchem Jahr regnete es am meisten?

c) In welchem Monat, in welchem Jahr gab es den größten Niederschlag?

B.2 Prozentrechnung

Die MwSt. beträgt in diesen Aufgaben immer 7 %.

1.	Brutto:	7,95 €	Netto:		MwSt. Betrag:	
2.	Brutto:	10,95 €	Netto:		MwSt. Betrag:	
3.	Brutto:	12,00 €	Netto:		MwSt. Betrag:	
4.	Brutto:	30,00 €	Netto:		MwSt. Betrag:	
5.	Brutto:	24,90 €	Netto:		MwSt. Betrag:	
6.	Brutto:	1,28 €	Netto:		MwSt. Betrag:	
7.	Brutto:	99,00 €	Netto:		MwSt. Betrag:	
8.	Brutto:		Netto:	2,33 €	MwSt. Betrag:	
9.	Brutto:		Netto:	24,11 €	MwSt. Betrag:	
10.	Brutto:		Netto:	0,93 €	MwSt. Betrag:	
11.	Brutto:		Netto:	0,93 €	MwSt. Betrag:	
12.	Brutto:		Netto:	0,46 €	MwSt. Betrag:	
13.	Brutto:		Netto:	1,30 €	MwSt. Betrag:	
14.	Brutto:		Netto:	45,79 €	MwSt. Betrag:	
15.	Brutto:		Netto:	1,21 €	MwSt. Betrag:	
16.	Brutto:		Netto:		MwSt. Betrag:	0,84 €
17.	Brutto:		Netto:		MwSt. Betrag:	1,31 €
18.	Brutto:		Netto:		MwSt. Betrag:	1,14 €
19.	Brutto:		Netto:		MwSt. Betrag:	1,31 €
20.	Brutto:		Netto:		MwSt. Betrag:	45,79 €

B.3 Zinsrechnung

<u>Nachricht 1:</u> Börse aktuell

Frankfurt/Main - Die PeKomm Aktie hatte zu Jahresbeginn 2000 einen Börsenkurs von 78,50 €. Die Wertentwicklung sah wie folgt aus:

Im 1. Jahr, Jan-Dez: +15 %
Im 2. Jahr, Jan-Dez: -7 %
Im 3. Jahr, Jan-Dez: +12 %
Im 4. Jahr, Jan-Dez: +18 %

Bei welchem Kurs steht die Aktie am Ende des 4. Jahres?

<u>Nachricht 2:</u>
Januar bis September 2006: 8,3 % mehr Güter auf deutschen Schienen

WIESBADEN – Auf deutschen Schienenwegen wurden nach Mitteilung des Statistischen Bundesamtes von Januar bis September 2006 253,2 Millionen Tonnen an Gütern transportiert. Das war gegenüber dem entsprechenden Vorjahreszeitraum ein Plus von 8,3 %. Wie viele Millionen Tonnen wurden im Vergleichszeitraum 2005 transportiert?

<u>Nachricht 3:</u> Ein Haus 2006 oder 2007 kaufen?

Ein Immobilienmakler erhält bei der Vermittlung eines Hauses eine Provision von 3 %. Auf diesen Betrag muss zusätzlich noch die Mehrwertsteuer (bis 31.12.2006: 16 %, ab 01.01.2007: 19 %) gezahlt werden.
Familie Schlaufuchs interessiert sich für ein Haus, das im Jahr 2006 249.000,- € kosten soll. Im Januar 2007 könnte man das gleiche Haus für 246.000,- € kaufen, wenn da nicht die Mehrwertsteuererhöhung wäre und dadurch die Maklerprovision steigen würde. Stelle die Kosten dar. Wann ist ein Kauf günstiger, heute oder im Januar 2007?

<u>Nachricht 4:</u> Sparen für den Führerschein

Die durchschnittliche Verzinsung für ein Sparguthaben beträgt 2 %.
Die Zinsen werden am Ende jeden Jahres dem Konto gutgeschrieben und vergrößern das Guthaben. Bei deiner Geburt wurde ein Sparbuch angelegt. Nach genau 13 Jahren beträgt das Guthaben 4527,62 €.

a) Wie hoch war der Betrag, der vor 13 Jahren angelegt wurde?
b) Wie viel Geld wird auf dem Sparbuch zu deinem 18. Geburtstag sein?

B.4 Anwendungsaufgabe – Fliesen verlegen

In der Küche von Familie Müller sollen Bodenfliesen verlegt werden.
Die Grundfläche hat folgende Form und Maße:

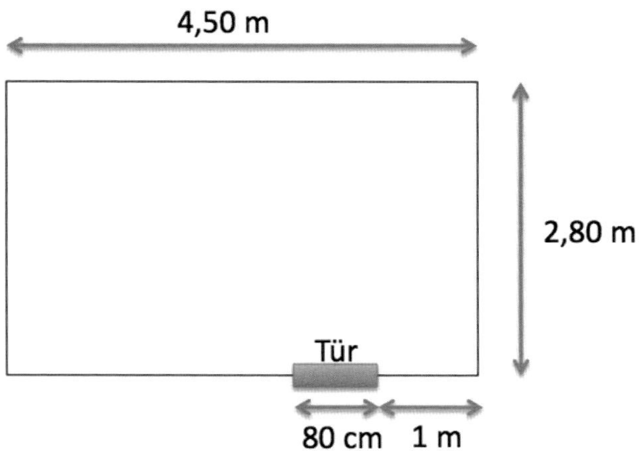

Preise:
Material Arbeitskosten

1 m² Fliesen: 35,00 € 1 m² Fliesen verlegen: 29,00 €
1 m² Fliesen-Fugenmasse: 5,80 € 1 m² Fugen ausfüllen: 15,00 €
1 m² Fliesenkleber: 8,90 €

Alle Preise verstehen sich netto ohne MwSt.

Es sollen rechteckige Fliesen der Größe 25 cm x 40 cm verwendet werden.

Aufgaben

a) Wie viele Quadratmeter Fliesen müssen verlegt werden?

b) Wie viele Fliesen sind das insgesamt?

c) Fertige eine Skizze an, wie die Fliesen am besten gelegt werden, um die geringste Anzahl an Fliesen zu benötigen.

d) Wie hoch wird die Rechnung einschließlich der MwSt. von 19 %?

B.5 Anwendungsaufgabe - Renovierung des Wohnzimmers

Das Wohnzimmer soll renoviert werden. Das Zimmer ist L-förmig und die Maße können der Skizze entnommen werden. Die Höhe des Zimmers beträgt 2,30 m. Die Eingangstür ist einschließlich Türrahmen 110 cm breit und 210 cm hoch. Die Fenster sind alle gleich groß. Sie sind 1,50 m breit und 90 cm hoch. Alle Wände und die Decke sollen neu angestrichen werden. **Hinweis:** Das Zimmer hat eine Fußbodenheizung, sodass keine Heizkörper an den Wänden hängen!

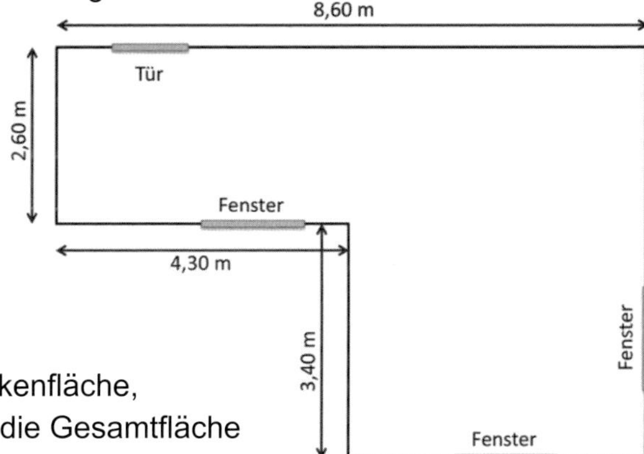

Aufgaben

a) Wie groß ist die Deckenfläche, die Wandfläche und die Gesamtfläche in m²?

b) Welches Angebot der beiden Malerfirmen ist günstiger?

Firma KLECKSEL macht folgendes Angebot:

1 m² Farbe: 2,10 €
1 m² Wand anstreichen: 4,80 €
1 m² Bodenfläche abkleben: 1,20 €

Firma FARBENFROH mach folgendes Angebot:

1 h Stundenlohn für die Arbeit des Malergesellen: 21,50 €
1 h Stundenlohn für die Arbeit des Malermeisters: 35,70 €
Materialkosten Farbe: 400,00 €
Materialkosten Kleinteile: 120,00 €
Für den berechneten Raum wird folgende Zeit benötigt:
25 h Arbeit für den Malergesellen, 12 h Arbeit für den Malermeister.

Alle Preise zuzüglich der Mehrwertsteuer von 19 %.
Bei Barzahlung erhält man noch 3 % Rabatt auf den Rechnungsbetrag.

B.6 Anwendungsaufgabe - Hausbau
Das Dach, umbauter Raum und Baukosten

Ein freistehendes Haus hat eine Dachneigung von 30° und folgende Maße:

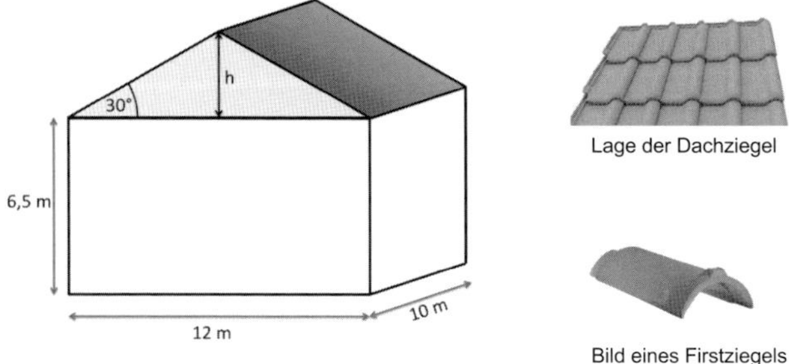

Lage der Dachziegel

Bild eines Firstziegels

Aufgaben

a) Wie groß ist die Dachfläche in m² und die Dachhöhe h in cm?

b) Ein rechteckiger Ziegelstein hat die Abmessungen 41 cm x 27 cm, wiegt 3 kg und kostet 1,20 € zuzüglich der Mehrwertsteuer von 19 %. Die Ziegelsteine überdecken sich bei der Eindeckung des Dachs um etwa 8 % ihrer Fläche. Für den Dachabschluss am First benötigt man 2,5 Firstziegel pro Meter. Ein Firstziegel kostet 12,- € und wiegt 1,2 kg.

1. Wie viele Ziegelsteine und wie viele Firstziegel werden zum Eindecken des Dachs benötigt?
2. Wie groß ist die Masse aller Ziegelsteine zusammengenommen?
3. Was kosten alle Ziegelsteine zusammen (Dachziegel + Firstziegel)?

c) Für eine Kostenschätzung der gesamten Baukosten (Rohbau + alle Installationen, Heizung, Bad, Fenster usw.) berechnet der Architekt das umbaute Volumen des Hauses: Stockwerke als Quader und das Dach als Prisma!
Anschließend werden je 1 m³ Volumen umbauter Raum Kosten in Höhe von 1500,- € angenommen. Auf diese Weise kann man die Baukosten abschätzen und grob im Voraus berechnen.

1. Wie groß ist das umbaute Volumen?
2. Wie hoch sind die zu erwartenden Baukosten?

B.7 Prozentrechnung / Verhältnisse / Dreisatz gemischt

1. Im Zoo ist in den Sommerferien Hochsaison. Von allen Besuchern hatten heute 27 % eine Jahreskarte. Das waren insgesamt 278 Personen. Wie viele Personen waren heute im Zoo?

2. In die Fußball-Arena passen 68 000 Zuschauer. 72 % aller Plätze sind durch Dauerkarten bereits reserviert. Heute befinden sich 67 400 Zuschauer im Stadion. Dabei sind 95 % aller Dauerkarten-Besitzer im Stadion.
   a) Wie viele Karten wurden an der Kasse noch verkauft?
   b) Von allen einzeln verkauften Karten wurden 23 % an die Fans der Auswärtsmannschaft vergeben. Wie viele Fans der Auswärtsmannschaft sind im Stadion?

3. Nach einem langen Streit um die Lohnerhöhungen wurde vereinbart, alle Löhne um 2,8 % zu erhöhen, jedoch mindestens um 50 €.
   a) Berechne die Lohnerhöhungen für folgende Gehälter: 1200 €, 2500 €, 4200 €.
   b) Ab welchem Gehalt bekommt jemand mehr als den Mindestbetrag von 50 € Lohnerhöhung?

4. Eine kleine Molkerei verarbeitet in dieser Woche 150 000 Liter Milch zu Butter. Aus 20 Litern Mich werden 4 Päckchen Butter zu je 250 g hergestellt. Je Liter Milch bezahlt die Molkerei den Bauern 18 Cent. 1 Liter Milch wiegt 1,02 kg.
   a) Wie viele kg Butter werden in dieser Woche produziert?
   b) Wie viel Gramm Butter kann man aus 1 Liter Milch herstellen?
   c) Was kostet die Produktion von einem Päckchen Butter, wenn man nur die Kosten für den Rohstoff Milch betrachtet?

5. Um 1 kg Käse herzustellen benötigt man zwischen 15 und 20 Liter Milch, je nach Käsesorte und Fettgehalt der unbehandelten Milch. Wir rechnen mit 17 Litern Milch für 1 kg Käse. Eine Käserei möchte am Tag 25 kg Käse herstellen und diesen für 1,95 € je 100 g verkaufen. Die Milch wird direkt vom Biobauern aus dem Dorf für 25 Cent je Liter eingekauft.
   a) Wie viele Liter Milch muss die Käserei einkaufen, um den Käse produzieren zu können?
   b) Was kostet die Milch für eine Tagesproduktion?
   c) 5 % der Produktion wird im Laufe des Tages zum Probieren kostenlos auf der Theke angeboten. Wie viel Euro hat die Käserei an diesem Tag eingenommen, wenn am Ende des Tages 90 % der Produktion verkauft wurden?

B.8 Quadratische Gleichungen / Parabeln

1. Bestimme die Lösungsmengen der folgenden quadratischen Gleichungen! Forme ggf. so um, dass die Gleichung mit dem Taschenrechner gelöst werden kann!

a) $4x^2 - 13 = 87$

b) $(x - 11)^2 + 14 = 10$

c) $(2x + 13)^2 - 83 = 61$

d) $x^2 - 15x + 60 = 6$

e) $(x - 5)(2x - 17) - 84 = (x - 7)(3x + 1)$

f) $x - \frac{1}{x} = 4{,}8$

2. Bringe die Funktionen auf Scheitelpunktform und bestimme den Scheitelpunkt!

a) $f(x) = x^2 - 8x + 10$

b) $f(x) = -0{,}5x^2 + 4x - 5$

c) $f(x) = -2 \cdot (x - 1) \cdot (x + 3)$

3. Wie viele Nullstellen hat die Funktion?

a) $f(x) = (x - 3)^2 - 2$

b) $f(x) = -0{,}25 \cdot (x + 3)^2 - 2$

c) $f(x) = x^2 - x + 2$

B.9 Kreis und Trigonometrie

1. Ein Fahrrad hat einen Reifendurchmesser von 26 Zoll. 1 Zoll ist definiert als 25,4 mm. Mit dem Fahrrad werden an einem schönen sonnigen Sommertag 15 km zurückgelegt. Wie oft hat sich das Vorderrad an diesem Tag gedreht?

2. Rechne die folgenden Winkel im Gradmaß in das Bogenmaß um.

a) 25° b) 90° c) 135° d) 335°

3. Rechne die folgenden Bogenmaß-Winkel ins Gradmaß um.

a) $\frac{5\pi}{4}$ b) $\frac{7\pi}{8}$ c) 1 d) 2,8

4. Bestimme den grau schraffierten Flächeninhalt der folgenden Figuren!

a)

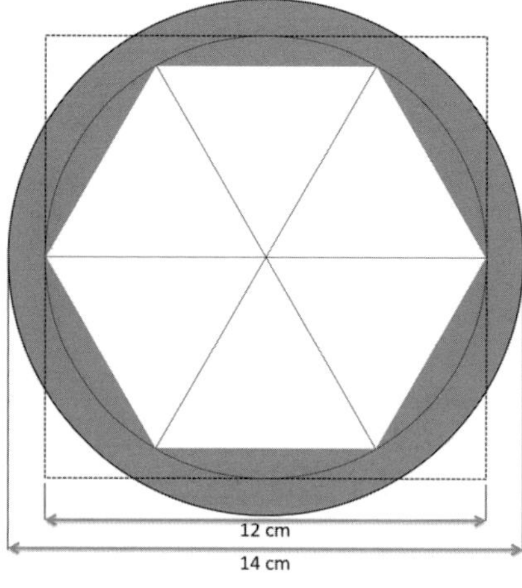

b)

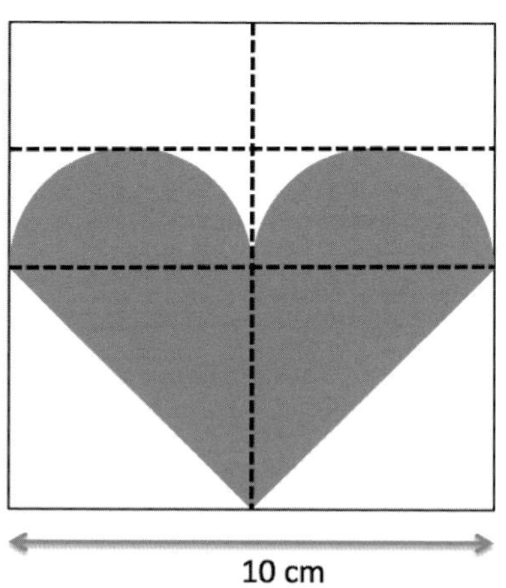

5. Bestimme die fehlenden Seiten/Winkel der folgenden rechtwinkligen Dreiecke!

a) $\alpha = 90°, \beta = 24°, c = 4\ cm$

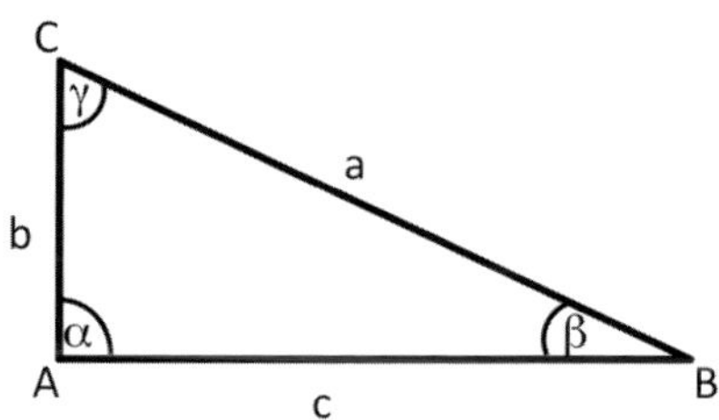

b) $a = 2{,}3\ cm, c = 3{,}3\ cm, \beta = 90°$

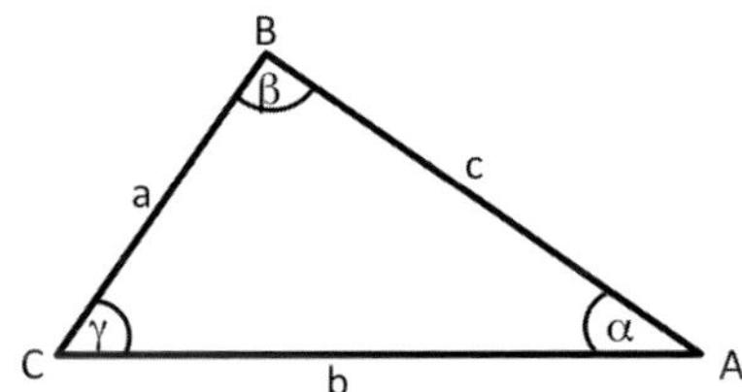

6. Bestimme den Flächeninhalt des abgebildeten Kreissektors. Bestimme zunächst den Winkel α !

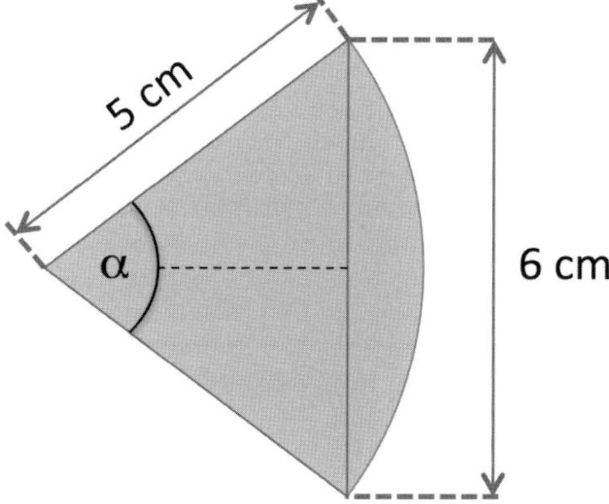

B.10 Stereometrie und Körperberechnungen

1. Eine Orange hat einen Durchmesser von d = 8 cm.
   Berechne Volumen und Oberfläche.

2. Berechne das Volumen und die Oberfläche des abgebildeten Rotationskörpers (schaffierte Fläche). Stelle hierzu zunächst jeweils einen Rechenausdruck auf! Benenne jeweils die einzelnen Körper, die du zur Berechnung verwendest!

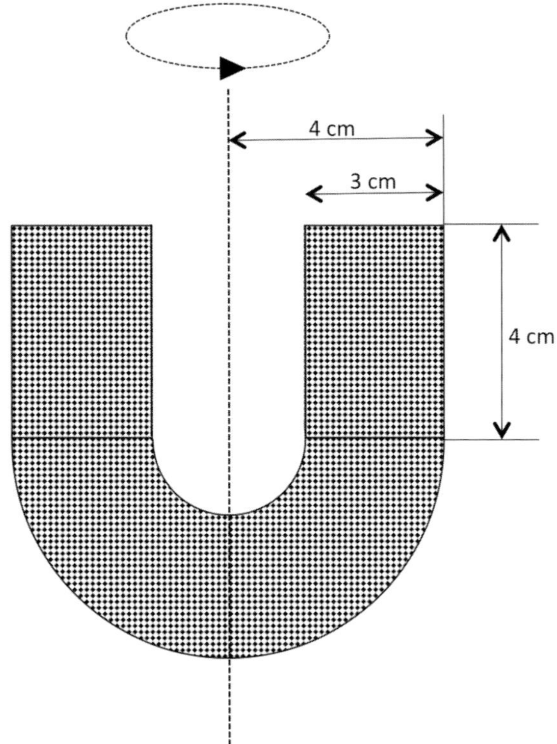

3. Die Mittlere Pyramide der Pyramiden von Gizeh (die Chephren-Pyramide) war ursprünglich 143,5 m hoch und hatte eine quadratische Grundfläche mit der Seitenlänge $a = 215{,}25\ m$. Berechne das Volumen und die sichtbare Oberfläche.

4. Alle Kanten eines Prismas mit gleichmäßiger 6-eckiger Grundfläche haben alle die Länge l = 5 cm. Berechne die Oberfläche dieses Prismas und sein Volumen. Fertige hierzu eine Zeichnung der Grundfläche an.

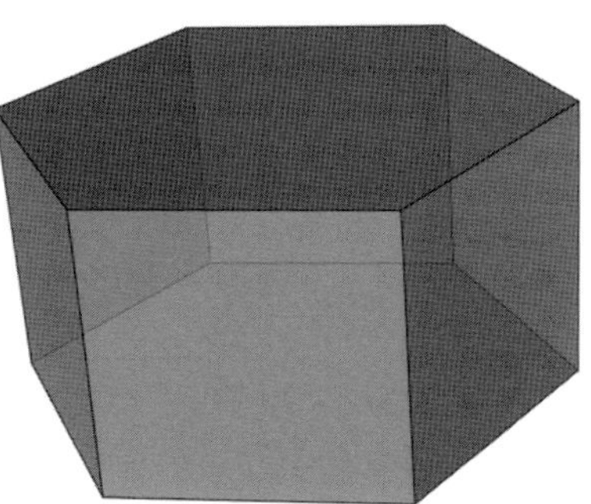

5. Eine zylindrische Getränkedose aus Aluminium hat ein Verhältnis von Höhe zu Durchmesser von 1,76. D.h. beträgt der Durchmesser 8 cm, so ist die Höhe 14,08 cm. Eine solche Dose soll ein Volumen von 250 ml (=250 cm^3) haben.

a) Stelle einen Rechenausdruck für das Volumen auf, der nur den Durchmesser d enthält.
b) Welche Höhe und welchen Durchmesser muss die Dose haben?

6. Ein Holzspielzeug besteht aus einer Halbkugel und einem Kegel aus Eichenholz (siehe Bild).

Berechne das Volumen und die Oberfläche.

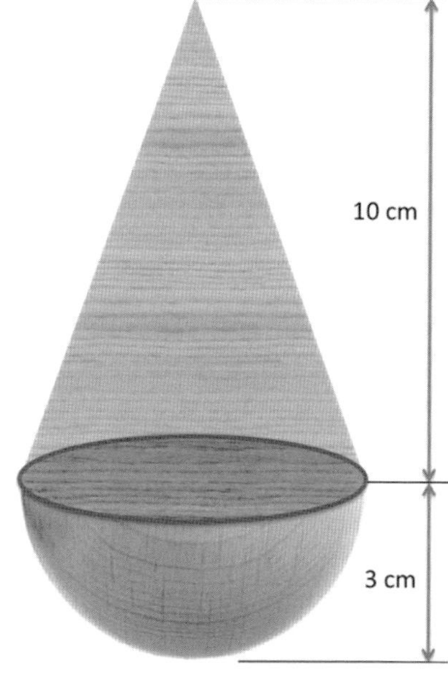

Lösungen zu den Aufgaben B.1 bis B.10

B.1 – Bruchrechnung

1. a) 3/2 b) 4/3 c) 4 kg d) 7
2. a) 0,4 b) 0,16 c) 36
3. a) 11 b) 5 c) 4,5
4. a) 25/8 b) 10 c) 100
5. Die Schule hat 900 Schüler.
6. a) Summe 2003 442,4 : 12 = 36,9
   2005 530,5 : 12 = 44,2

   b) In 2005 gab es mehr Regen.

   c) In 2003 im Mai: 88,1 l/m^2
   In 2005 im Juli: 67,8 l/m^2

B.2 – Prozentrechnung

1. Brutto: 7,95 € Netto: 7,43 € MwSt. Betrag: 0,52 €
2. Brutto: 10,95 € Netto: 10,23 € MwSt. Betrag: 0,72 €
3. Brutto: 12,00 € Netto: 11,21 € MwSt. Betrag: 0,79 €
4. Brutto: 30,00 € Netto: 28,04 € MwSt. Betrag: 1,96 €
5. Brutto: 24,90 € Netto: 23,27 € MwSt. Betrag: 1,63 €
6. Brutto: 1,28 € Netto: 1,20 € MwSt. Betrag: 0,08 €
7. Brutto: 99,00 € Netto: 92,52 € MwSt. Betrag: 6,48 €
8. Brutto: 2,49 € Netto: 2,33 € MwSt. Betrag: 0,16 €
9. Brutto: 25,80 € Netto: 24,11 € MwSt. Betrag: 1,69 €
10. Brutto: 1,00 € Netto: 0,93 € MwSt. Betrag: 0,07 €
11. Brutto: 0,99 € Netto: 0,93 € MwSt. Betrag: 0,06 €
12. Brutto: 0,49 € Netto: 0,46 € MwSt. Betrag: 0,03 €
13. Brutto: 1,39 € Netto: 1,30 € MwSt. Betrag: 0,09 €
14. Brutto: 49,00 € Netto: 45,79 € MwSt. Betrag: 3,21 €
15. Brutto: 1,29 € Netto: 1,21 € MwSt. Betrag: 0,08 €
16. Brutto: 12,80 € Netto: 11,96 € MwSt. Betrag: 0,84 €
17. Brutto: 19,95 € Netto: 18,64 € MwSt. Betrag: 1,31 €
18. Brutto: 17,50 € Netto: 16,36 € MwSt. Betrag: 1,14 €
19. Brutto: 20,00 € Netto: 18,69 € MwSt. Betrag: 1,31 €
20. Brutto: 700,00 € Netto: 654,21 € MwSt. Betrag: 45,79 €

B.3 – Zinsrechnung

1. Die Aktie steht am Ende des Jahres bei 110,97€.
   (Nach jedem Jahr wurde auf Cent genau gerundet!)

2. 253,2 Millionen = 100% + 8,3%
   d.h. dieser Wert entspricht 108,3% des Vorjahreswertes.
   253,2 : 1,083 = 233,8 Millionen
   Im Vorjahreszeitraum wurden 233,8 Millionen Tonnen transportiert.

3. In 2006:

Kaufpreis	249.000,- €
Maklerprovision (3,0%)	7 470,- €
MwSt. auf Provision (16% von 7470,-)	1 195,20 €

	257.655,20 €

   In 2007:

Kaufpreis	246.000,- €
Maklerprovision (3,0%)	7 380,- €
MwSt. auf Provision (19% von 7380,-)	1 402,20 €

	254.782,20 €

   Das Haus ist ab Januar 2007 billiger.

4. Vor 13 Jahren wurden 3 500,- € angelegt.
   Mit 18 Jahren beträgt das Kapital 4 998,86 €.

   Die Rechnung beträgt im neuen Jahr 1328,49 € nur aufgrund der MwSt.-Erhöhung.

B.4 – Fliesen verlegen

a) A = 12,6 m^2 b) n = 126 d) 1404,94 €

B.5 – Renovierung

a) Deckenfläche: 36,98 m^2, Wandfläche: 60,8 m^2,
   Gesamtfläche: 97,78 m^2
b) Klecksel: 855,68 €, Farbenfroh: 1715,17 €. Klecksel ist billiger.

B.6 - Hausbau

a) Höhe: 3,46 m, Fläche: 138,56 m^2

b) Ziegelsteine: n = 1361, Firstziegel: 25
Gewicht: 4113 kg, Preis: 2300,51 €

c) Volumen: 987,6 m^3, Preis: 1481400 €

B.7 - Prozentrechnung / Verhältnisse / Dreisatz gemischt

1) 1030

2) a) Dauerkartenbesitzer: 46512, Verkaufte Karten a. d. Kasse: 20888
b) 4804

3) a) 1250 € 2570 € 4317,6 €
b) 1785,71 €

4) a) 7500 kg, b) 50 g, c) 0,9 €

5) a) V = 425 l b) 106,25 € c) 438,75 €

B.8 – Quadratische Gleichungen / Parabeln

1) a) $L = \{-5;\ 5\}$ b) keine Lösung!
c) $L = \{-\frac{25}{2};\ -\frac{1}{2}\}$ d) $L = \{6;\ 9\}$
e) $L = \{-8;\ 1\}$ f) $L = \{-0{,}2;\ 5\}$

2) a) $f(x) = (x-4)^2 - 6$ Scheitelpunkt: $S\ (4 \mid -6)$

b) $f(x) = -\frac{1}{2}(x-4)^2 + 3$ Scheitelpunkt: $S\ (4 \mid 3)$

c) Scheitelpunkt zwischen den Nullstellen 1 und -3 ist -1.
$x = -1$ einsetzen, $f(-1) = 8$; Scheitelpunkt: $S\ (-1 \mid 8)$

3) a) $f(x) = x^2 - 6x + 7$, 2 Nullstellen $x_1 = 3 - \sqrt{2}\,; x_2 = 3 + \sqrt{2}$

b) $f(x) = -0{,}25 \cdot (x^2 + 6x + 9) - 2 = -0{,}25x^2 - 1{,}5x - 4{,}25$

keine Nullstellen

c) $f(x) = x^2 - x + 2$, keine Nullstellen

B.9 – Kreis und Trigonometrie

1) Das Rad hat sich 22714 mal gedreht.

2) a) $25 \cdot \frac{\pi}{180} \approx 0{,}43633$ b) $90 \cdot \frac{\pi}{180} = \frac{\pi}{2} \approx 1{,}57$

c) $135 \cdot \frac{\pi}{180} \approx 2{,}36$ d) $335 \cdot \frac{\pi}{180} \approx 5{,}847$

3) a) $\frac{5 \cdot 180°}{4} = 225°$ b) $\frac{7 \cdot 180°}{8} = 157{,}5°$

c) $\frac{180°}{\pi} = 57{,}3°$ d) $\frac{2{,}8 \cdot 180°}{\pi} = 160{,}4°$

4) a) $A \approx 60{,}4\ cm^2$ b) $A \approx 44{,}63\ cm^2$

5) a) $\gamma = 66°$ $a \approx 4{,}38\ cm$ $b \approx 1{,}78\ cm$

b) $b \approx 4{,}022\ cm$ $\gamma \approx 55{,}12°$ $\alpha \approx 34{,}88°$

6) $\alpha \approx 74{,}74°$ $A \approx 16{,}09\ cm^2$

B.10 – Stereometrie und Körperberechnungen

1) Volumen $V = 268{,}1\ cm^3$ Oberfläche $O = 201{,}1\ cm^2$

2) **Hohlzylinder:** Höhe h= 4 cm
innerer Radius r = 1 cm
äußerer Radius R = 4 cm
Hohlkugel: innerer Radius s = r = 1 cm
äußerer Radius S = R = 4 cm

Volumen $V = 320{,}4\ cm^3$

3) Volumen $V = 2\,216\,240\ m^3$
Oberfläche $O = 77\,221\ m^2$

4) Oberfläche $O = 279{,}9\ cm^2$
Volumen $V = 342{,}8\ cm^3$

5) a) $h = \frac{1}{2}d$ $V = \pi \cdot r^2 \cdot h = 0{,}44 \cdot \pi \cdot d^3$
b) $d = 5{,}7\ cm$ $h = 9{,}95\ cm \approx 10\ cm$

6) Volumen $V = 150{,}8\ cm^3$
Oberfläche $O = 154{,}95\ cm^2$

Anhang C - Abitur Beispielaufgaben

Die Lösungen zu den Übungsaufgaben können
über den QR-Code oder mit diesem Link

calcuso.link/fb87dex

auf der Webseite von Calcuso
herunter geladen werden.

C.1 Aufgaben zur Analysis

Aufgabe aus dem IQB-Pool – gemeinsame Aufgabenpools der Länder

Papierflieger verlassen die Hand eines Werfers in einer bestimmten Abwurfhöhe, unter einem bestimmten Abwurfwinkel und mit einer bestimmten Anfangsgeschwindigkeit. Die Flugkurven können abhängig von diesen drei Bedingungen sowie von der jeweiligen Bauweise des Papierfliegers unterschiedlich verlaufen. Im Folgenden sollen drei Typen von Flugkurven unterschieden werden, die in der Abbildung schematisch dargestellt sind.

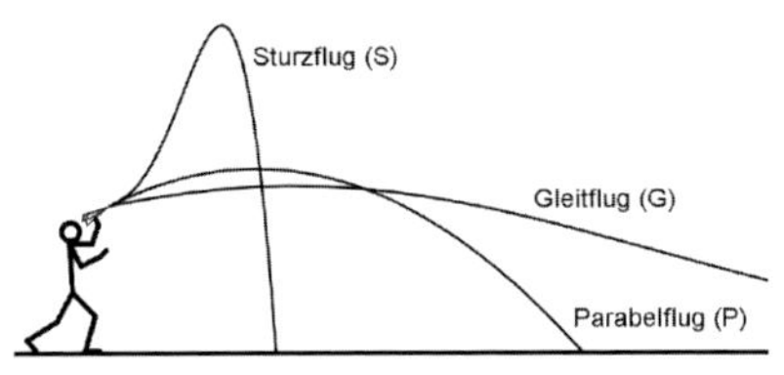

Wird die Größe der betrachteten Papierflieger vernachlässigt, können die Flugkurven bei Verwendung eines Koordinatensystems, dessen x-Achse entlang des horizontalen Bodens und dessen y-Achse durch den Abwurfpunkt verläuft, modellhaft mithilfe von Funktionen beschrieben werden. Im Folgenden soll der x-Wert der horizontalen Entfernung des Papierfliegers vom Abwurfpunkt entsprechen, der zugehörige Funktionswert der Flughöhe (jeweils in Metern).

1. Ein Papierflieger bewegt sich entlang einer Flugkurve vom Typ S. Diese kann mithilfe der in $\mathbb{R}$ definierten Funktion s mit $s(x) = -x^4 + 2x^3 + \frac{1}{2}x + 2$ beschrieben werden.

a) Geben Sie die Abwurfhöhe an und zeigen Sie, dass die Flugweite etwa 2,27 m beträgt.

b) Zeigen Sie, dass der Papierflieger seine maximale Flughöhe besitzt, wenn seine horizontale Entfernung vom Abwurfpunkt etwa 1,55 m beträgt. Geben Sie diese Flughöhe an.

c) Berechnen Sie die Koordinaten der beiden Wendepunkte des Graphen von s und geben Sie die jeweilige Steigung des Graphen von s in den Wendepunkten an.

d) Beschreiben Sie die Bedeutung des Wendepunkts mit der größeren x-Koordinate im Hinblick auf die Steigung der Flugkurve des Papierfliegers.

2. Im Folgenden wird ein Papierflieger betrachtet, der sich bei jedem Flug entlang einer Flugkurve vom Typ P bewegt. Er wird in 2 m Höhe abgeworfen und erreicht seine größte Höhe in einer horizontalen Entfernung von 2 m vom Abwurfpunkt. Seine möglichen Flugkurven lassen sich näherungsweise mithilfe ganzrationaler Funktionen zweiten Grades beschreiben.

a) Begründen Sie, dass die möglichen Flugkurven dieses Papierfliegers im Modell durch den Punkt (4|2) verlaufen.

b) Zeigen Sie, dass sich alle möglichen Flugkurven dieses Papierfliegers im Modell mithilfe der in $\mathbb{R}$ definierten Funktionen $p_k(x) = -0{,}25k \cdot x^2 + k \cdot x + 2$ und $k \in \mathbb{R}^+$ beschreiben lassen.

c) Ermitteln Sie denjenigen Wert von k, für den der Papierflieger eine Flugweite von 6 m hat. Skizzieren Sie die Graphen der Funktionen $p_{\frac{1}{4}}$ und $p_{\frac{2}{3}}$.

d) Ist ein Kurvenstück Graph einer in $[a; b]$ mit $a, b \in \mathbb{R}$ definierten Funktion h mit erster Ableitungsfunktion h', so gilt für die Länge L dieses Kurvenstücks: $L = \int_a^b \sqrt{1 + \left(h'(x)\right)^2} dx$.
Untersuchen Sie rechnerisch, ob $p_{\frac{1}{4}}$ oder $p_{\frac{2}{3}}$ die längere Flugkurve beschreibt.

e) Bestimmen Sie den Wert von k so, dass der Abwurfwinkel der mithilfe von p_k beschriebenen Flugkurve ebenso groß ist wie der Abwurfwinkel der mithilfe der Funktion s beschriebenen Flugkurve.

3. Die größten Flugweiten erzielen Papierflieger mit Flugkurven des Typs G. Eine solche Flugkurve soll mithilfe der in $\mathbb{R}$ definierten Funktion g mit $g(x) = 2e^{-0{,}02x^2+0{,}1x}$ beschrieben werden.

a) Beurteilen Sie die Eignung von g zur modellhaften Beschreibung der Flugkurve bezogen auf den Verlauf des Graphen von g für $x \to \infty$.

b) Die Flugweite beträgt 15,3 m. Der erste Teil der Flugkurve lässt sich mithilfe von g beschreiben. Ab einem bestimmten Punkt kann der weitere Verlauf der Flugkurve bis zum Boden durch eine Gerade dargestellt werden. Dieser zweite Teil der Flugkurve hat eine Länge von 10,6 m. Bestimmen Sie die horizontale Entfernung des Übergangs vom ersten zum zweiten Teil der Flugkurve vom Abwurfpunkt und prüfen Sie, ob dieser Übergang ohne Knick erfolgt.

C.2 Aufgaben zur Vektorrechnung

Aufgabe aus dem IQB-Pool – gemeinsame Aufgabenpools der Länder

Die Position einer Bohrplattform im Meer kann in einem kartesischen Koordinatensystem modellhaft durch den Punkt $P\ (8|43{,}2|0)$ dargestellt werden.

Die xy-Ebene beschreibt die Wasseroberfläche. Eine Längeneinheit im Koordinatensystem entspricht einem Kilometer in der Realität.

Die Besatzungen eines Boots und eines Hubschraubers werden gleichzeitig beauftragt, die Besatzung der Plattform in einer Notsituation zu unterstützen. Zum Zeitpunkt des Auftrags wird die Position des Boots durch den Punkt
$B\ (13|31{,}2|0)$ dargestellt. Unmittelbar anschließend fährt es geradlinig mit der Geschwindigkeit $52\ \frac{km}{h}$ in Richtung der Plattform.

Die Position des Hubschraubers kann vom Zeitpunkt des Auftrags bis zum Beginn seiner Landephase durch die Gleichung $\vec{x} = \begin{pmatrix} 0{,}8 \\ 0{,}3 \\ 0{,}25 \end{pmatrix} + t \cdot \begin{pmatrix} 48 \\ 286 \\ 0 \end{pmatrix}$ beschrieben werden. Dabei ist t die Zeit in Stunden, die seit dem Auftrag vergangen ist. Die Landephase beginnt im Modell im Punkt
$H_L\ (7{,}76|\ 41{,}77|0{,}25)$.

a) Veranschaulichen Sie die Positionen der Plattform, des Boots und des Hubschraubers zum Zeitpunkt des Auftrags – unter Vernachlässigung der Flughöhe des Hubschraubers – in der xy-Ebene.

b) Begründen Sie, dass der Hubschrauber bis zur Landephase parallel zur Wasseroberfläche fliegt, und geben Sie seine Flughöhe über der Wasseroberfläche an.

c) Begründen Sie, dass die Position des Boots vom Zeitpunkt des Auftrags bis zum Erreichen der Plattform durch die Gleichung $\vec{x} = \begin{pmatrix} 13 \\ 31{,}2 \\ 0 \end{pmatrix} + t \cdot \begin{pmatrix} -20 \\ 48 \\ 0 \end{pmatrix}$ beschrieben wird, wobei t die seit dem Auftrag vergangene Zeit in Stunden ist.

d) Ermitteln Sie, wie viel Zeit vom Zeitpunkt des Auftrags an vergeht, bis das Boot die Plattform erreicht.

e) Betrachtet wird die Funktion e mit

$$e(t) = \left| \begin{pmatrix} 0{,}8 \\ 0{,}3 \\ 0{,}25 \end{pmatrix} - \begin{pmatrix} 13 \\ 31{,}2 \\ 0 \end{pmatrix} + t \cdot \left(\begin{pmatrix} 48 \\ 286 \\ 0 \end{pmatrix} - \begin{pmatrix} -20 \\ 48 \\ 0 \end{pmatrix} \right) \right| \text{ und } 0 < t < 0{,}145.$$

Bestimmen sie denjenigen Wert von t, für den e seinen kleinsten Wert annimmt, und beschreiben Sie die Bedeutung dieses Werts im Sachzusammenhang.

f) Der Hubschrauber bewegt sich während seiner Landephase mit verringerter Geschwindigkeit geradlinig auf die horizontale Landefläche der Plattform zu, die im Modell durch den Punkt $L\ (8|43{,}2|0{,}06)$ dargestellt wird. Bestimmen Sie die Größe des Neigungswinkels der Flugbahn während der Landephase gegenüber der Horizontalen.

g) Bestimmen Sie eine Gleichung der Ebene in Koordinatenform, in der sich der Hubschrauber vom Auftrag bis zur Landung im Modell bewegt.

C.3 Aufgaben zur Wahrscheinlichkeitsrechnung

Aufgabe aus dem IQB-Pool – gemeinsame Aufgabenpools der Länder

Von allen Jugendlichen eines Landes im Alter von 14 bis 25 Jahren sind 49,20 % weiblich. 47,10 % der Jugendlichen erledigen ihre Finanzangelegenheiten regelmäßig mittels Smartphone oder Tablet. Der Anteil der Jugendlichen, die weiblich sind und ihre Finanzangelegenheiten regelmäßig mittels Smartphone oder Tablet erledigen, beträgt 19,68 %.

a) Stellen Sie den beschriebenen Sachzusammenhang in einer vollständig ausgefüllten Vierfeldertafel dar.

b) Bestimmen Sie die Wahrscheinlichkeit dafür, dass eine unter den Jugendlichen zufällig ausgewählte Person entweder männlich ist oder ihre Finanzangelegenheiten regelmäßig mittels Smartphone oder Tablet erledigt.

c) Weisen Sie nach, dass die Wahrscheinlichkeit dafür, dass eine unter den weiblichen Jugendlichen zufällig ausgewählte Person ihre Finanzangelegenheiten regelmäßig mittels Smartphone oder Tablet erledigt, 40 % beträgt.

Es werden 50 weibliche Jugendliche zufällig ausgewählt.

d) Bestimmen Sie jeweils die Wahrscheinlichkeit folgender Ereignisse:

A: „Die Hälfte der ausgewählten weiblichen Jugendlichen erledigt Finanzangelegenheiten regelmäßig mittels Smartphone oder Tablet".

B: „Mehr als die Hälfte der ausgewählten weiblichen Jugendlichen erledigen Finanzangelegenheiten regelmäßig mittels Smartphone oder Tablet".

Aus einer Gruppe von zehn Jugendlichen nutzen für Finanzangelegenheiten vier Personen nur Smartphones und sechs nur Tablets. Aus dieser Gruppe werden drei Jugendliche zufällig ausgewählt.

e) Begründen Sie, dass die Binomialverteilung für Überlegungen zur Anzahl der ausgewählten Personen, die für Finanzangelegenheiten nur Smartphones nutzen, nicht geeignet ist.

f) Bestimmen Sie die Wahrscheinlichkeit dafür, dass genau zwei der drei ausgewählten Personen für Finanzangelegenheiten nur Smartphones nutzen.

Anhang D – Index | Stichwortverzeichnis

A

Antwortspeicher 10

B

Berechnungsfenster 9
Bernoulli-Experiment 35
Binomialverteilung 35
Binomialverteilung, Kumulierte 36
Bogenmaß 8
Bruchdarstellung 8, 12
Bruchdarstellung, gemischte 8
Bruchrechnung 17

D

Dezimaldarstellung 8
Dezimalpräfixe 8
Doppelbrüche 18

E

Einheiten umrechnen 23

F

Fakultät 34
Funktionen 29

G

Geodätisches Winkelmaß 8
ggT
  größter gemeinsamer Teiler 14
Gradmaß 8
Grundwert 19

H

Hauptmenü 6

K

kgV: kleinstes gemeinsames Vielfaches 14

M

MENU SETUP 6
Mittelwert 32

P

Periodische Dezimalbrüche 16
Potenzen 21
Primfaktorzerlegung 14
Prozentrechnung 19
Prozentsatz 19
Prozentwert 19

Q

QR-Code 26

R

Regression 37, 40, 41
Relative Häufigkeiten 33
Runden 15, 16

S

Standardabweichung 32
Stichproben 32

T

Taste **ALPHA** 5
Taste **SHIFT** 5
Teilen mit Rest 15

W

Wahrscheinlichkeitsrechnung 32
Wahrscheinlichkeitsverteilung 33
Wertetabelle 30
Winkelmaß 8
Wurzeln 20

Z

Zahlendarstellung 12
Zehnerpotenzschreibweise 12
Zufallszahlen 22